数字系统设计实习
SHUZI XITONG SHEJI SHIXI

王 瑾　吴让仲　张晓锋　李杏梅　杨 敏　著

中国地质大学出版社
ZHONGGUO DIZHI DAXUE CHUBANSHE

图书在版编目(CIP)数据

数字系统设计实习/王瑾等著.—武汉:中国地质大学出版社,2022.11
ISBN 978-7-5625-5458-5

Ⅰ.①数… Ⅱ.①王… Ⅲ.①数字系统-系统设计-教材 Ⅳ.①TP271

中国版本图书馆 CIP 数据核字(2022)第 231477 号

数字系统设计实习	王 瑾 吴让仲 张晓锋 李杏梅 杨 敏 著
责任编辑:王凤林	责任校对:徐蕾蕾

出版发行:中国地质大学出版社(武汉市洪山区鲁磨路388号)	邮编:430074
电 话:(027)67883511 传 真:(027)67883580	E-mail:cbb@cug.edu.cn
经 销:全国新华书店	http://cugp.cug.edu.cn

开本:787 毫米×1092 毫米 1/16	字数:196 千字	印张:7.75
版次:2022 年 11 月第 1 版	印次:2022 年 11 月第 1 次印刷	
印刷:武汉睿智印务有限公司		
ISBN 978-7-5625-5458-5		定价:28.00 元

如有印装质量问题请与印刷厂联系调换

前　言

随着通信技术和微电子技术的迅速发展，前端开发和后端开发已经成为软件开发的两个重要方向，Java与C++已成为软件开发的重要编程语言。网站的"前端"是与用户直接交互的部分，包括在浏览网页时接触的所有视觉内容——从字体到颜色，以及下拉菜单和侧边栏。这些视觉内容，都是由浏览器解析、处理、渲染相关HTML、CSS、Java文件后呈现而来。前端开发，就是要设计上面提到的网站面向用户的部分背后的代码，并通过建立框架，构建沉浸性的用户体验。为了让服务器、应用、数据库能够彼此交互，后端工程师需要有用于应用构建的服务器端语言、数据相关工具、PHP框架和版本控制工具，还要有熟练使用Linux作为开发和部署环境的能力。后端开发者使用这些工具编写干净、可移植、具有良好文档支持的代码来创建或更新Web应用。但在写代码之前，他们需要与客户沟通，了解其实际需求并将其转化为技术目标，制订最有效且精简的方案来进行实现。

为了适应新一代信息、通信人才培养的需要，本书作者在总结多年教学经验的基础上，查阅了一些国内外相关资料，并结合自己的实践工作，编写了这本数字系统设计实习教材。作者精心挑选了一些不同层次的实验内容，从简单的单语言软件设计到复杂的多语言联合编程，希望通过由浅入深的实验进程，逐步让学生掌握Visual Studio软件的应用和Android Studio软件的应用，逐步提高学生的软件编程能力和思维逻辑能力。

本书首先介绍了进行数字系统设计必须具备的基础知识，包括Visual Studio软件的安装和使用，IAR的使用教程以及Android Studio软件的安装和使用，接着重点描述了4个实验内容。每个实验内容都分为4个方面进行介绍，包括实习内容及要求、设计方案、调试过程与记录以及测试数据结果。本书内容翔实，实验设置符合由易到难、循序渐进的学习规律，能够引起学生对数字系统设计的兴趣。

本书可作为电气相关专业（电子信息、通信工程、自动化与计算机）的C++、Android开发等课程的实习教材，也可供电子设计领域的工程技术人员参考。

在本书编写过程中，作者参考了较多的专业书籍、论文和网络文献，在此表示深深的谢意。中国地质大学（武汉）的徐子恒、王竞成、纪明、刘诗琪、张威、汪荣洁、乐祺、宋鹏程、邵昆、吴潇文等研究生对实验内容进行了验证，提供了很多建议和帮助，在此表示感谢。由于时间仓促，本书难免存在不足之处，敬请各位读者批评指正。

作者

2022年9月

目 录

第一章 数字系统设计知识准备 ………………………………………………………… (1)
 第一节 Visual Studio 简介 ………………………………………………………… (1)
  一、集成开发环境 ……………………………………………………………… (1)
  二、版本 ………………………………………………………………………… (2)
  三、常用功能 …………………………………………………………………… (2)
 第二节 使用 Visual Studio 编写 C++程序 ……………………………………… (6)
  一、下载安装 Visual Studio …………………………………………………… (6)
  二、创建 C++程序 ……………………………………………………………… (7)
  三、执行程序 …………………………………………………………………… (8)
  四、编辑计算器应用 …………………………………………………………… (10)
  五、类的调用 …………………………………………………………………… (10)
 第三节 IAR 使用教程 ……………………………………………………………… (15)
  一、IAR for ARM 安装教程 …………………………………………………… (15)
  二、IAR for ARM 破解教程 …………………………………………………… (18)
  三、IAR for ARM 驱动安装 …………………………………………………… (23)
 第四节 Android Studio 简介 ……………………………………………………… (25)
  一、集成开发环境 ……………………………………………………………… (25)
  二、版本 ………………………………………………………………………… (26)
  三、常用功能 …………………………………………………………………… (26)
 第五节 使用 Android Studio 编程 ………………………………………………… (31)
  一、下载安装 Android Studio ………………………………………………… (31)
  二、创建 Java 程序 ……………………………………………………………… (44)
  三、OpenCV 配置 ……………………………………………………………… (51)
  四、OpenCV 测试 ……………………………………………………………… (55)

第二章 数字系统设计主要内容 ………………………………………………………… (58)
 第一节 踏频器设计 ………………………………………………………………… (58)
  一、实验内容及要求 …………………………………………………………… (58)
  二、设计方案介绍 ……………………………………………………………… (58)
  三、调试过程与记录 …………………………………………………………… (63)

四、调试数据结果 …………………………………………………………（66）
第二节　荧光图像处理 ……………………………………………………（67）
　　一、实习内容及要求 ………………………………………………………（67）
　　二、设计方案介绍 …………………………………………………………（67）
　　三、调试过程与记录 ………………………………………………………（70）
　　四、测试数据结果 …………………………………………………………（74）
第三节　浮油荧光检测 ……………………………………………………（76）
　　一、实习内容及要求 ………………………………………………………（76）
　　二、设计方案介绍 …………………………………………………………（77）
　　三、调试过程与记录 ………………………………………………………（99）
　　四、测试数据结果 …………………………………………………………（104）
第四节　OpenCV 颜色识别 ………………………………………………（109）
　　一、实习内容及要求 ………………………………………………………（109）
　　二、设计方案介绍 …………………………………………………………（110）
　　三、调试过程与记录 ………………………………………………………（111）
　　四、测试数据结果 …………………………………………………………（113）
主要参考文献 ………………………………………………………………（115）

第一章　数字系统设计知识准备

第一节　Visual Studio 简介

一、集成开发环境

集成开发环境(IDE)是一个功能丰富的程序，支持软件开发的许多方面。Visual Studio IDE 可用于编辑、调试并生成代码，然后发布应用。除了大多数 IDE 提供的标准编辑器和调试器之外，Visual Studio 还包括编译器、代码完成工具、图形设计器和许多其他功能，以加速软件开发过程。

图 1-1 显示了 Visual Studio 和一个打开的项目，其中显示了关键窗口及其功能。

(1)在"解决方案资源管理器"右上角，可以查看、导航和管理代码文件。解决方案资源管理器可将代码文件分组为解决方案和项目，从而帮助整理代码。

(2)中心编辑器窗口用于显示文件内容，你的大部分时间可能都是在此窗口中度过的。在编辑窗口中，可以编辑代码或设计用户界面，例如带有按钮和文本框的窗口。

(3)在 Git 更改右下方，可使用版本控制技术(如 Git 和 GitHub)跟踪工作项并与他人共享代码。

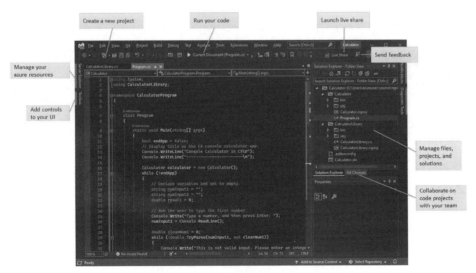

图 1-1　VS集成开发环境

二、版本

Visual Studio 适用于 Windows 和 Mac。Visual Studio for Mac 的许多功能与 Visual Studio for Windows 相同,并针对开发跨平台应用和移动应用进行了优化。Visual Studio 有 3 个版本:社区版、专业版和企业版。本书重点介绍 Visual Studio 的 Windows 社区版。

三、常用功能

开发软件时,Visual Studio 可帮助提高工作效率的一些常用功能如下。

1. 波形曲线和快速操作

波形曲线是波浪形下划线,它可以在键入时对代码中的错误或潜在问题发出警报(图 1-2)。这些视觉线索可帮助你立即解决问题,而无需等待在生成或运行时发现错误。如果将鼠标悬停在波形曲线上,将看到关于此错误的更多信息。灯泡也可能显示在左边距中,其中显示可采取以修复错误的快速操作。

图 1-2 波形曲线错误信息

2. 代码清理

通过单击一个按钮,可以设置代码格式并应用代码样式设置、.editorconfig约定和 Roslyn 分析器建议的任何代码修复程序。代码清理(当前只适用于 C♯代码)有助于在进入代码评审之前解决代码中的问题(图 1-3)。

图 1-3 代码清理

3. 重构

重构包括智能重命名变量、将一个或多个代码行提取到新方法中和更改方法参数的顺序(图 1-4)。

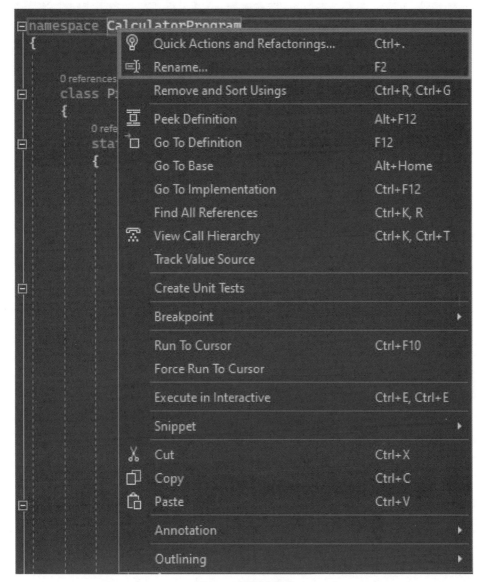

图 1-4 "重构"菜单

4. IntelliSense

IntelliSense 是一组功能,可用于在编辑器中直接显示代码的信息,并且可在某些情况下编写小段代码。如同在编辑器中拥有了基本文档内联,从而无需在其他位置查看类型信息。

图 1-5 显示了 IntelliSense 如何显示类型的成员列表。

5. Visual Studio 搜索

Visual Studio 菜单、选项和属性有时可能会让人不知所措。Visual Studio 搜索或 Ctrl+Q 是在同一位置快速查找 IDE 功能和代码的绝佳方法(图 1-6)。

图 1-5　Intellisense 显示成员列表

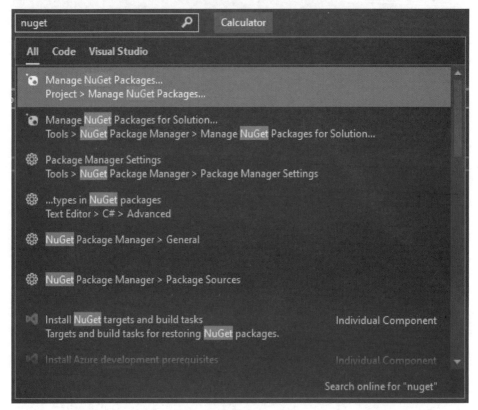

图 1-6　快速启动 nuget

6. 调用层次结构

"调用层次结构"窗口显示调用所选方法的方法。考虑更改或删除方法时，或者尝试追踪 bug 时，这可能是有用的信息（图 1-7）。

图 1-7　调用层次结构

7. CodeLens

CodeLens 可帮助查找代码引用、代码更改、链接错误、工作项、代码评审和单元测试，所有操作都在编辑器上进行（图 1-8）。

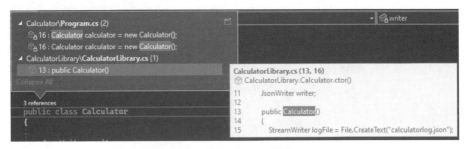

图 1-8　CodeLens 概述

8. 转到定义

"转到定义"功能可将你直接带到函数或类型定义的位置（图 1-9）。

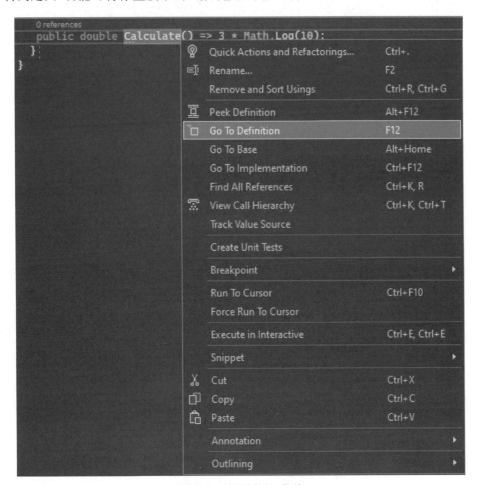

图 1-9　"转到定义"菜单

9. 速览定义

"速览定义"窗口显示方法或类型定义,而无需打开一个单独的文件(图 1-10)。

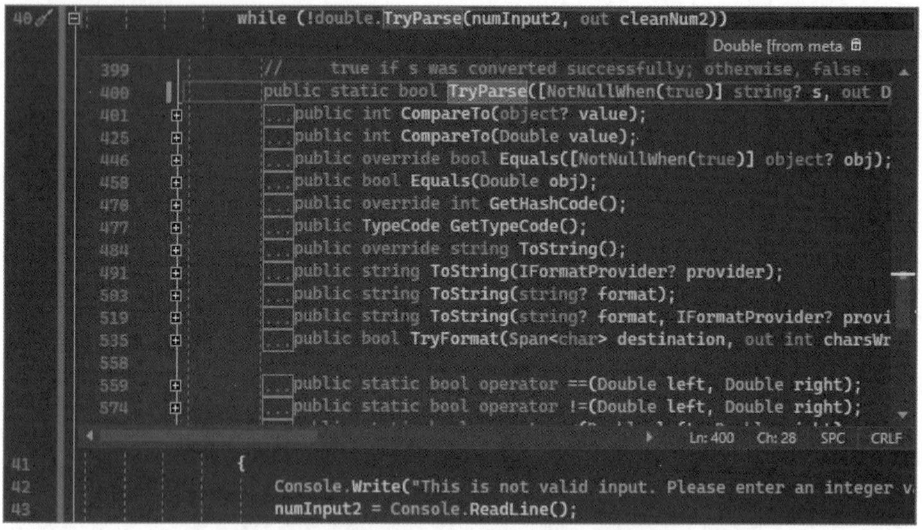

图 1-10 速览定义窗口

第二节 使用 Visual Studio 编写 C++程序

一、下载安装 Visual Studio

在本节中,你将创建一个简单的项目来尝试可在 Visual Studio 中执行的一些操作。使用 IntelliSense 作为编码辅助,调试应用以便在应用执行期间查看变量值,并更改颜色主题。

首先可从 https://visualstudio.microsoft.com/zh-hans/downloads/ 下载 Visual Studio 并将其安装到你的电脑系统上。在模块化安装程序中,可以选择和安装工作负载,工作负载是你希望使用的编程语言或平台所需的一些功能。若要使用以下步骤创建程序,请确保在安装过程中选择".NET 桌面开发"工作负载(图 1-11)。

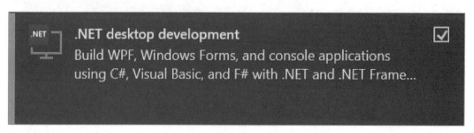

图 1-11 创建桌面快捷方式

二、创建C++程序

Visual Studio 使用项目来组织应用的代码,使用解决方案来组织项目。项目包含用于生成应用的所有选项、配置和规则。它还负责管理所有项目文件和任何外部文件间的关系。要创建应用,需首先创建一个新项目和解决方案。

(1)启动 Visual Studio。选择"文件">"新建">"项目"。"创建新项目"窗口随即打开(图 1-12)。

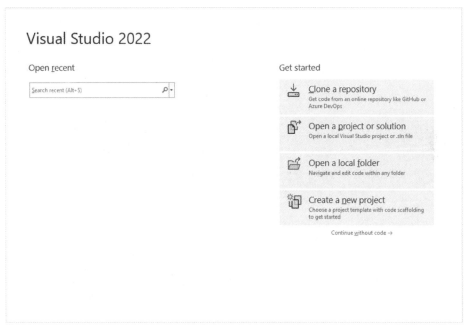

图 1-12　创建新项目

(2)在项目模板列表中,选择"控制台应用"(图 1-13),然后选择"下一步"。

(3)在"配置新项目"对话框中(图 1-14),选择"项目名称"编辑框,将新项目命名为 CalculatorTutorial,然后选择"创建"。

创建一个空的 C++ Windows 控制台应用程序。控制台应用程序使用 Windows 控制台窗口显示输出并接受用户输入。在 Visual Studio 中,打开一个编辑器窗口并显示生成的代码:

```
# include < iostream>

int main()
{
    std::cout < <  "Hello World! \n";
}
```

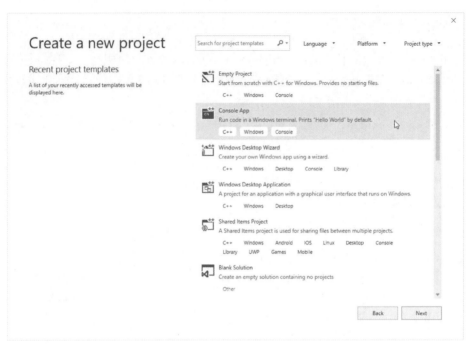

图 1-13　控制台应用

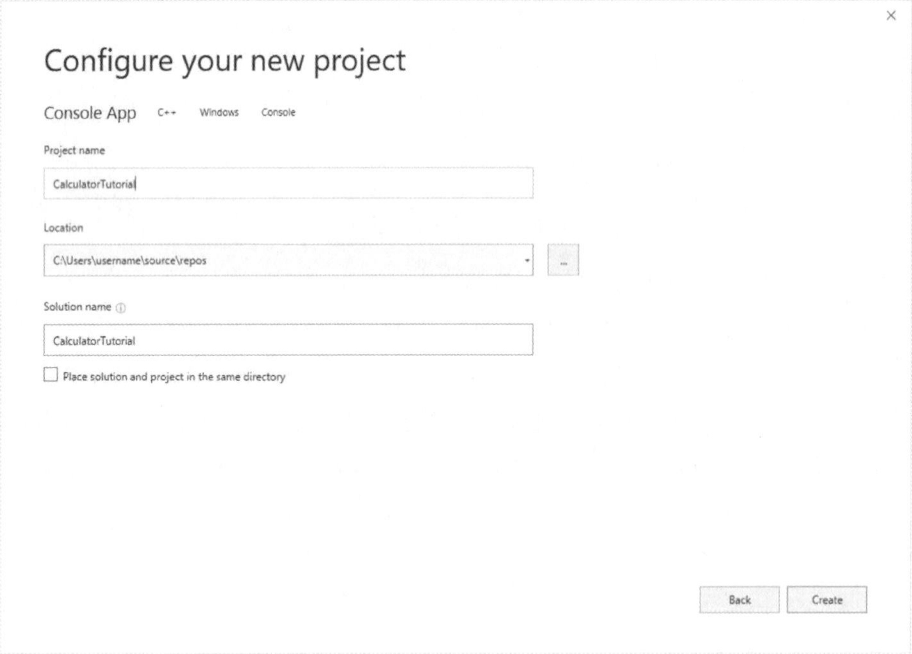

图 1-14　配置新项目

三、执行程序

新的 Windows 控制台应用程序模板创建了一个简单的 C＋＋"Hello World"应用。此时，可以看到 Visual Studio 如何生成并运行直接从 IDE 创建的应用。

(1)若要生成项目，请从"生成"菜单选择"生成解决方案"(图 1-15)。"输出"窗口将显示生成过程及结果。

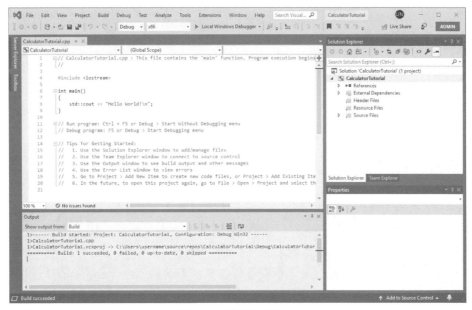

图 1-15　生成解决方案

(2)若要运行代码，请在菜单栏上选择"调试""开始执行(不调试)"(图 1-16)。

图 1-16　调试代码

随即将打开控制台窗口，然后运行你的应用。在 Visual Studio 中启动控制台应用时，它会运行代码，然后输出"按任意键关闭此窗口…"。

(3)按任意键关闭该控制台窗口并返回到 Visual Studio。

现在即可使用你的工具，在每次更改后生成并运行应用，以验证代码是否仍按预期运行。

四、编辑计算器应用

以计算器为例将此模板中的代码转换为计算器应用。

(1)在"CalculatorTutorial.cpp"文件中,编辑代码以匹配下面的示例:

```cpp
#include <iostream>

using namespace std;

int main()
{
    cout << "Calculator Console Application" << endl << endl;
    cout << "Please enter the operation to perform. Format: a+ b | a- b | a* b | a/b"
        << endl;
    return 0;
}
```

♯include 语句允许引用位于其他文件中的代码。有时,文件名使用尖括号(< >)括起来;其他情况下,使用引号(" ")括起来。通常,引用C++标准库时使用尖括号,引用其他文件时使用引号。

using namespace std;行提示编译器期望在此文件中使用C++标准库中的内容。如果没有此行,库中的每个关键字都必须以 std::开头,以表示其范围。例如,如果没有该行,则对 cout 的每个引用都必须写为 std::cout。using 语句的使用是为了使代码看起来更干净。

cout 关键字用于在C++中打印到标准输出。<< 运算符提示编译器将其右侧的任何内容发送到标准输出。

endl 关键字与 Enter 键类似,用于结束该行并将光标移动到下一行。如果要执行相同的操作,最好在字符串中使用\n 用" "包含,因为使用 endl 会始终刷新缓冲,进而可能影响程序的性能,但由于这是一个非常小的应用,所以改为使用 endl 以提高可读性。

所有C++语句都必须以分号结尾,所有C++应用程序都必须包含 main()函数。该函数是程序开始运行时运行的函数。若要使用所有代码,必须从 main()访问所有代码。

(2)保存文件,输入"Ctrl+S",或者选择 IDE 顶部附近的"保存"图标,即菜单栏下工具栏中的软盘图标。

(3)运行该应用程序,按"Ctrl+F5"或转到"调试"菜单,然后选择"启动但不调试",会出现一个控制台窗口,其中显示代码中指定的文本。

(4)完成后,请关闭控制台窗口。

五、类的调用

(1)转到"项目"菜单,并选择"添加类"(图 1-17)。在"类名"编辑框中,输入"Calculator"。选择"确定"。这会向项目中添加两个新文件。若要同时保存所有已更改的文件,请按"Ctrl+Shift+S"。这是"文件">"全部保存"的键盘快捷方式。在"保存"按钮旁边还有一个用于"全部保存"的工具栏按钮,这是两个软盘的图标。一般来说,最好经常使用"全部保存",这样就不会遗漏任何文件。

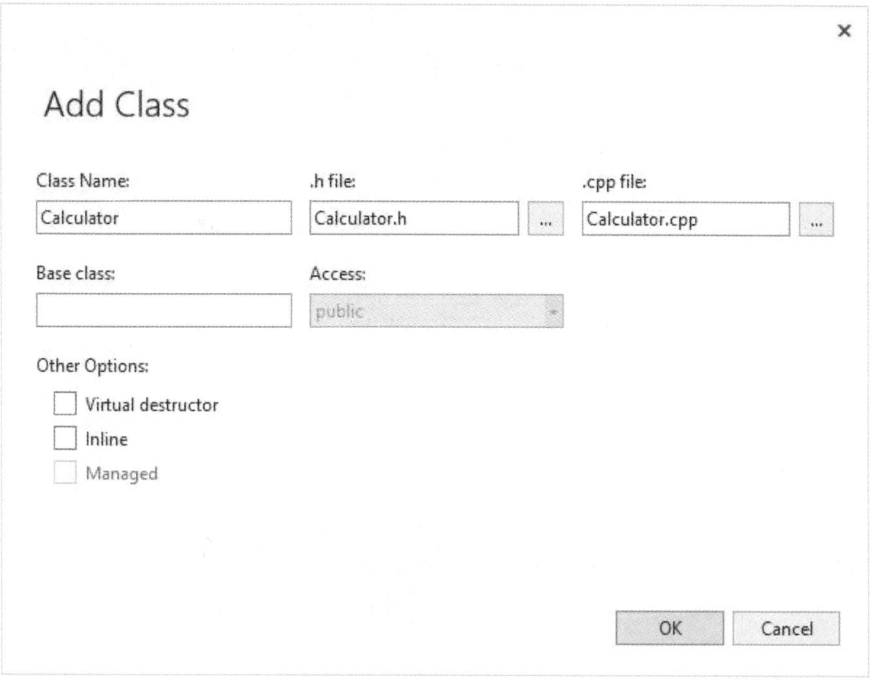

图 1-17　添加 Calculator 类

类就像执行某事的对象的蓝图。在图 1-18 示例中，我们定义了 Calculator 以及它的工作原理。上文使用的"添加类"向导创建了与该类同名的 .h 和 .cpp 文件。可以在 IDE 一侧的"解决方案资源管理器"窗口中看到项目文件的完整列表。如果该窗口不可见，则可从菜单栏中打开它：选择"查看">"解决方案资源管理器"。

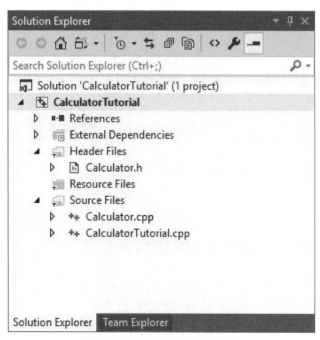

图 1-18　解决方案资源管理器

现在编辑器中应打开了 3 个选项卡：CalculatorTutorial.cpp、Calculator.h 和 Calculator.cpp。如果无意关闭了其中一个，可通过在"解决方案资源管理器"窗口中双击来重新打开它。

（2）在"Calculator.h"中，删除生成的 Calculator(); 和～Calculator(); 行，因为在此处不需要它们。接下来，添加以下代码行，以便文件如下所示：

```
# pragma once
class Calculator
{
public:
    double Calculate(double x, char oper, double y);
};
```

所添加的行声明了一个名为 Calculate 的新函数，我们将使用它来运行加法、减法、乘法和除法的数学运算。

C++代码被组织成标头(.h)文件和源(.cpp)文件。所有类型的编译器都支持其他几个文件扩展名，但这些是要了解的主要文件扩展名。函数和变量通常在头文件中进行声明（即在头文件中指定名称和类型）和实现（或在源文件中指定定义）。若要访问在另一个文件中定义的代码，可以使用♯include "filename.h"，其中"filename.h"是声明要使用的变量或函数的文件的名称。

已删除的两行为该类声明了"构造函数"和"析构函数"。对于像这样的简单类，编译器会为你创建它们，但本教程不涉及其用法。

最好根据代码的功能将代码组织到不同的文件中，方便稍后需要这些代码时能够轻易查找到。在本例中，我们分别定义了 Calculator 类和包含 main() 函数的文件，但我们计划在 main() 中引用 Calculator 类。

（3）你会看到 Calculate 下显示波浪线，因为我们还没有在.cpp 文件中定义 Calculate 函数。将鼠标悬停在单词上，单击弹出的灯泡（在此示例中为螺丝刀），然后选择"在 Calculator.cpp 中创建 Calculate 定义"（图 1-19）。

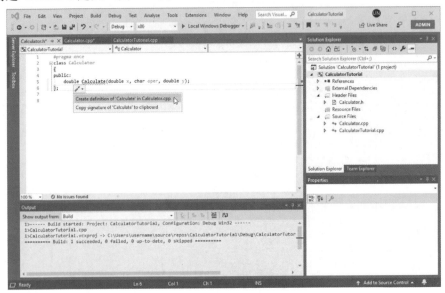

图 1-19 创建 Calculate 定义

随即将出现一个弹出窗口,可在其中查看在另一个文件中进行的代码更改(图 1-20)。该代码已添加到"Calculator.cpp"。

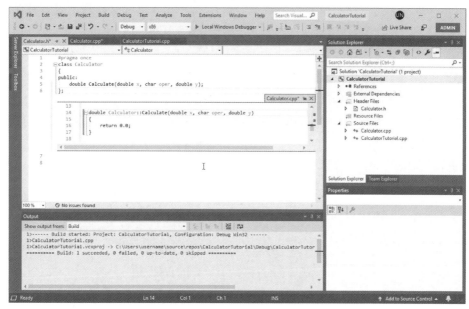

图 1-20　编写代码

目前,它只返回 0.0。按 Esc 关闭弹出窗口。

(4)切换到编辑器窗口中的"Calculator.cpp"文件。删除 Calculator()和～Calculator()部分(就像在.h 文件中一样),并将以下代码添加到 Calculate():

```
# include "Calculator.h"

double Calculator::Calculate(double x, char oper, double y)
{
    switch(oper)
    {
    case '+ ':
        return x +  y;
    case '- ':
        return x -  y;
    case '* ':
        return x *  y;
    case '/':
        return x / y;
    default:
        return 0.0;
    }
}
```

函数 Calculate 使用数字、运算符和第二个数字,然后对数字执行请求的操作。

Switch 语句检查提供了哪个运算符,便仅执行与该操作对应的情况。"default:case"是一个回滚,以防用户键入一个不被接受的运算符,因此程序不会中断。通常,最好以更简洁的方式处理无效的用户输入,但这超出了本教程的范围。

double 关键字表示支持小数的数字类型。因此,Calculator 可以处理十进制数学和整数数学。要始终返回这样的数字,需要 Calculate 函数,因为代码的最开始是 double(这表示函数的返回类型),这就是为什么我们在默认情况下返回 0.0。

.h 文件声明函数"原型",它预先告诉编译器需要什么参数,以及期望返回什么样的返回类型。.cpp 文件包含该函数的所有实现细节。

如果此时再次生成并运行代码,则在询问要执行的操作后,它仍然会退出。接下来,将修改 main 函数以进行一些计算。

(5)更新"CalculatorTutorial.cpp"中的 main 函数:

```cpp
#include <iostream>
#include "Calculator.h"

using namespace std;

int main()
{
    double x = 0.0;
    double y = 0.0;
    double result = 0.0;
    char oper = '+';

    cout << "Calculator Console Application" << endl << endl;
    cout << "Please enter the operation to perform. Format: a+b | a-b | a*b | a/b"
         << endl;

    Calculator c;
    while (true)
    {
        cin >> x >> oper >> y;
        result = c.Calculate(x, oper, y);
        cout << "Result is: " << result << endl;
    }

    return 0;
}
```

由于 C++程序总是从 main()函数开始,我们需要从这里调用其他代码,因此需要 #include 语句。

声明了一些初始变量 x、y、oper 和 result,分别用于存储第一个数字、第二个数字、运算符和最终结果。提供一些初始变量始终是最佳做法,这样可避免未定义的行为,此示例即是如此。

Calculator c;行声明一个名为"c"的对象作为 Calculator 类的实例。类本身只是计算器工作方式的蓝图,对象是进行数学运算的特定计算器。

while(true)语句是一个循环。只要()内的条件成立,循环内的代码就会一遍又一遍地执行。由于条件简单地列为 true,它始终为 true,因此循环将永远运行。若要关闭程序,用户必须手动关闭控制台窗口。否则,程序始终等待新输入。

cin 关键字用于接受来自用户的输入。假设用户输入符合所需规范,此输入流足够智能,可以处理在控制台窗口中输入的一行文本,并按顺序将其放入列出的每个变量中。可以修改此行以接受不同类型的输入,例如,两个以上的数字,但还需要更新 Calculate()函数来处理此问题。

c. Calculate(x,oper,y);表达式调用前面定义的 Calculate 函数,并提供输入的输入值,然后该函数返回一个存储在 result 中的数字。

最后,将 result 输出到控制台,以便用户查看计算结果。

(6)测试程序以确保一切正常。按"Ctrl+F5"重建并启动应用。

输入 5+5,然后按"Enter"。验证结果是否为 10(图 1-21)。

图 1-21　运行 5+5 程序

第三节　IAR 使用教程

一、IAR for ARM 安装教程

(1)将安装包进行解压,得到图 1-22 所示的文件,双击打开第二个 EWARM-CD-7802-11975 文件(图 1-23),选择第 4 行颜色加深的部分,可以更改路径(图 1-24)。

图 1-22　解压 IAR for ARM 压缩包

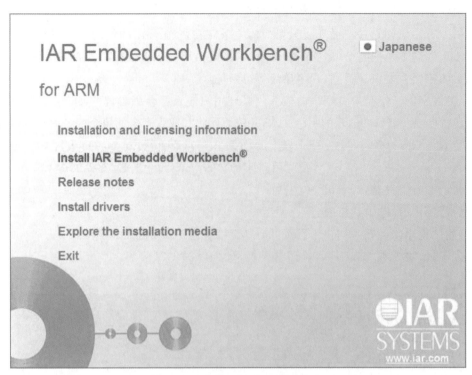

图 1-23 安装 IAR 嵌入式工作台

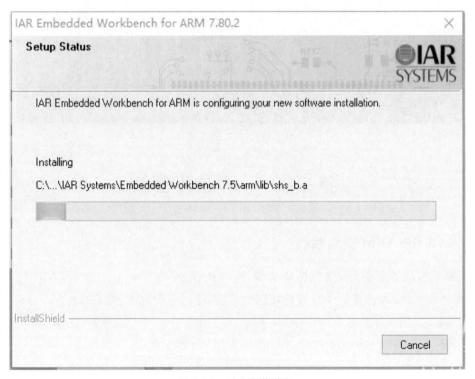

图 1-24 更改安装路径

(2)取消勾选(图 1-25),弹出窗口选择"否"(图 1-26)。

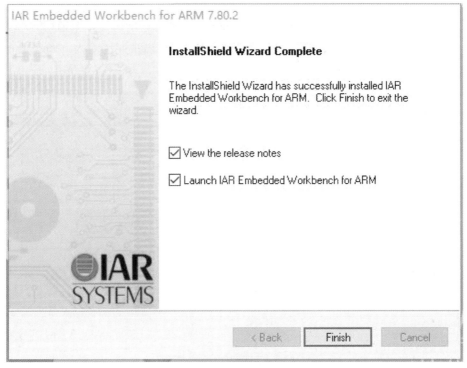

图 1-25 取消勾选

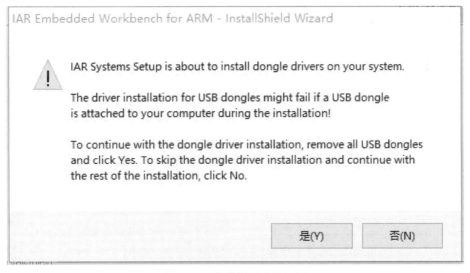

图 1-26 告警提示选择"否"

(3)安装之后,会出现是否安装 dongle drivers 的提示,可以选择"否",之后会提示输入 license,选择"关闭",然后点击"确定"。

二、IAR for ARM 激活教程

(1)安装好后,打开 help————License Manager,然后显示的是未激活(图 1-27),选择 license————offline activation(图 1-28)。在选择之后,会出现一个输入 license number 的提示,和之前一样,直接关掉即可。

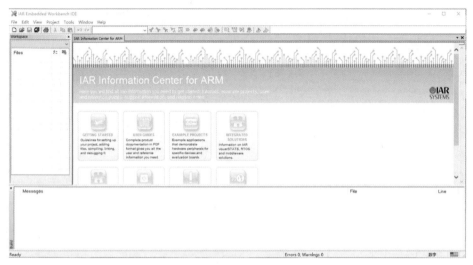

图 1-27　激活 IAR 软件

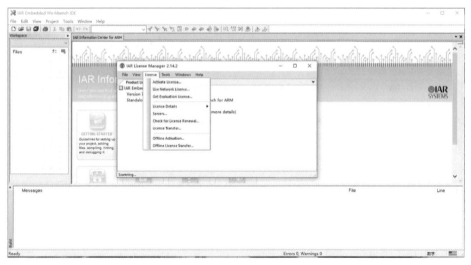

图 1-28　选择 license————offline activation 激活软件

(2)图 1-29 是打开新版本 IAR 激活工具文件夹里的 IARkg_Unis 的方式,一定要注意是选择图中的 ARM。点击"Generate"生成 license number(图 1-30),复制 license number 到 offline activation 里面(图 1-31),然后选择下一步,之后会出现如图 1-32 所示的提示,选择"No"即可。

图 1-29　选择破解工具箱中的 ARM

图 1-30　生成 license number

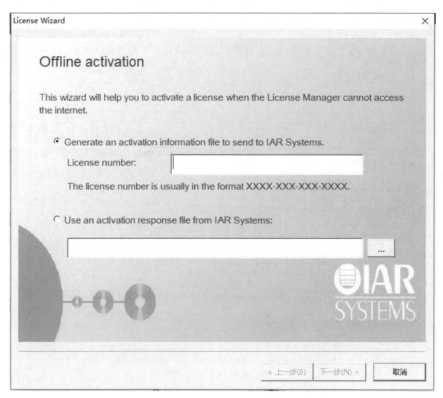

图 1-31 复制 license number 到 offline activation

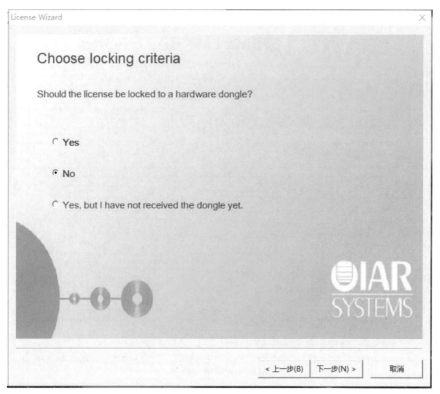

图 1-32 锁定标准选择"No"

(3)把 ActivateInfo 存在安装路径中,后缀名为 txt(图 1-33)。

图 1-33　将 ActivateInfo 存在安装路径中

(4)存好后选择下一步,然后用激活软件选择 ActivateInfo 的信息,即选择该路径后,点击激活文件中的 activate license,生成 ActivateResponse 的.txt 文件(图 1-34),并且进行保存。

图 1-34　生成 ActivateResponse 文件

(5)完成激活文件,当圈内出现 Done 时,即在该界面下选择 ActivationResponse.txt 文件即可完成激活(图 1-35),此时会出现 Finish 的提示,表示激活成功(图 1-36)。

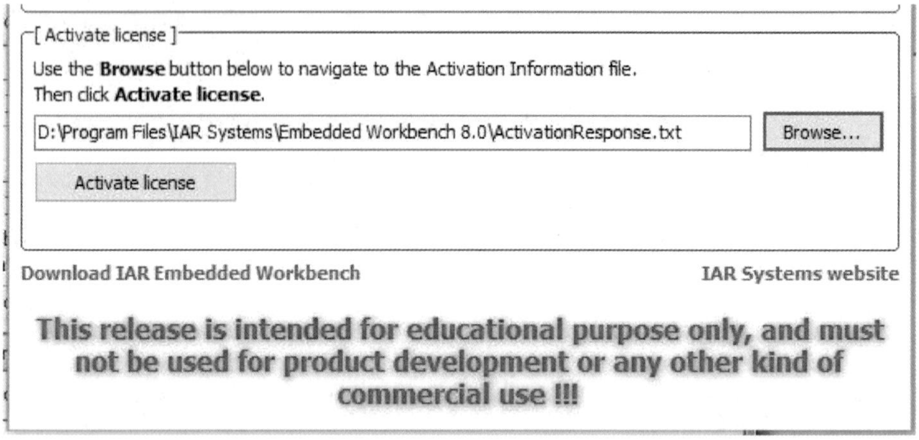

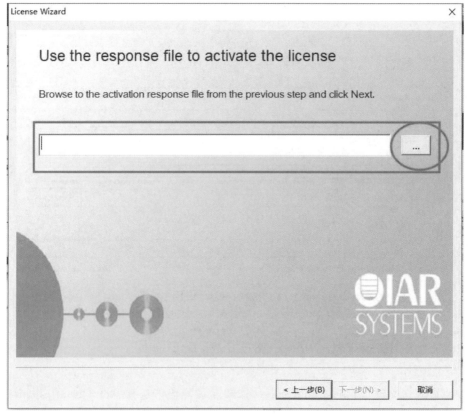

图 1-35　选择 ActivationResponse 文件

图 1-36　完成激活

三、IAR for ARM 驱动安装

(1)双击 nRF5x_MDK_8_2_0_IAR 安装驱动,直接点击"next"的默认安装步骤。

(2)安装完成后,在 iar 工程下按"F7"快捷键或者 rebuild all 能够编译通过(图 1-37),说明开发环境搭建完成。

图 1-37　程序编译成功

(3)将 J-link swd 口连接上 CAD 电路板,并能进入烧录程序完成烧录,说明 debug 调试设置完成(图 1-38)。

图 1-38　烧录程序调试

(4)J-link 连接方式如图 1-39 所示,如果没有弹针的 swd 接头,可以将杜邦线焊在主板上进行烧录。

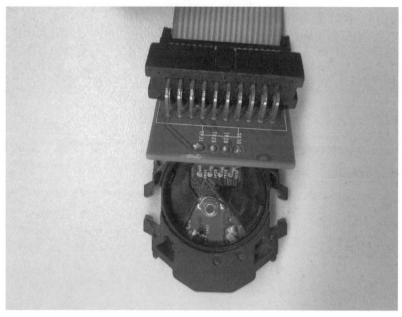

图 1-39 焊接杜邦线

(5)双击 nrfgostudio_win-64_1.21.2_installer,nrf 芯片 softedevice 烧录器工具安装（图 1-40），一直点击"下一步",安装完成效果为：安装后,cad 设备连接 J-link 后打开 nRFgo Studio 工具,点击 nRF5x Programming 右边敞口能识别芯片 softDevice 等,说明安装完成。

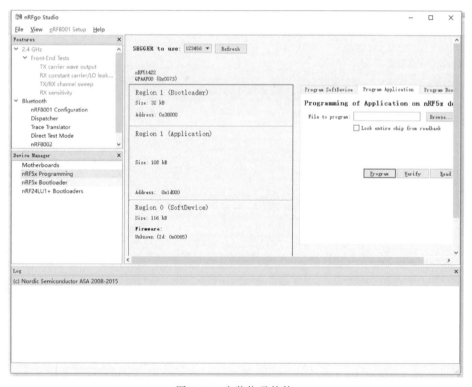

图 1-40 安装烧录软件

第四节　Android Studio 简介

一、集成开发环境

Android Studio 是基于 IntelliJ IDEA 的官方 Android 应用开发的集成开发环境（IDE）。除了 IntelliJ 强大的代码编辑器和开发者工具，Android Studio 提供了更多可提高 Android 应用构建效率的功能，例如：①基于 Gradle 的灵活构建系统；②快速且功能丰富的模拟器；③可针对所有 Android 设备进行开发的统一环境；④Instant Run，可将变更推送到正在运行的应用，无需构建新的 APK；⑤可帮助你构建常用应用功能和导入示例代码的代码模板和 GitHub 集成；⑥丰富的测试工具和框架；⑦可捕捉性能、易用性、版本兼容性以及其他问题的 Lint 工具；⑧C＋＋和 NDK 支持；⑨内置对 Google 云端平台的支持，可轻松集成 Google Cloud Messaging 和 App 引擎。

Android Studio 主窗口由图 1-41 标注的几个逻辑区域组成：

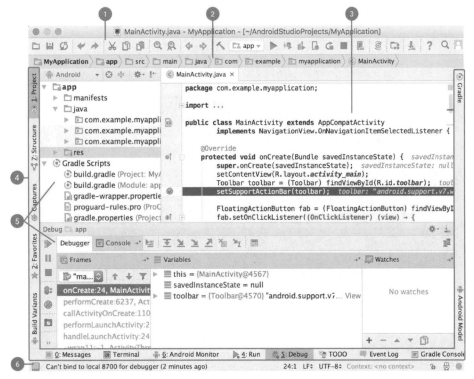

图 1-41　Android Studio 主窗口

区域 1 为工具栏，提供执行各种操作的工具，包括运行应用和启动 Android 工具。

区域 2 为导航栏，可帮助你在项目中导航，以及打开文件进行编辑。此区域提供 Project 窗口所示结构的精简视图。

区域 3 为编辑器窗口，是创建和修改代码的区域。编辑器可能因当前文件类型的不同而有所差异,例如在查看布局文件时,编辑器显示布局编辑器。

区域 4 为工具窗口栏,在 IDE 窗口外部运行,并且包含可用于展开或折叠各个工具窗口的按钮。

区域 5 为工具窗口,提供对特定任务的访问,例如项目管理、搜索和版本控制等。你可以展开和折叠这些窗口。

区域 6 为状态栏,显示项目和 IDE 本身的状态以及任何警告或消息。

你可以通过隐藏或移动工具栏和工具窗口调整主窗口,以便留出更多屏幕空间,还可以使用键盘快捷键访问大多数 IDE 功能。

你可以随时通过按两下"Shift"键或点击"Android Studio"窗口右上角的放大镜搜索源代码、数据库、操作和用户界面的元素等。此功能非常实用,例如在你忘记如何触发特定 IDE 操作时,可以利用此功能进行查找。

二、版本

Android Studio 适用于 Android 平台。Android Studio 有 4 个版本:Stable 稳定版、beta 测试版、Dve 开发版和 Canary 金丝雀版。本书重点介绍 Android Studio 的 Stable 稳定版。

三、常用功能

开发软件时,Visual Studio 可帮助提高工作效率的一些常用功能(图 1-42)如下。

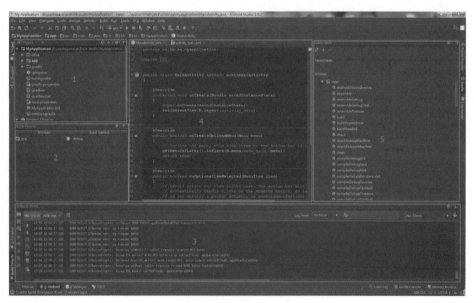

图 1-42 功能界面

1. 功能 1

功能界面显示了我们使用 Android Studio 时经常接触到的功能面板(图 1-43)。

(1) Project 面板,用于浏览项目文件。Project 面板会显示当前的所有的 module。

android application module 会显示一个手机图标（图 1-43 中的 app）；android library module 会显示一个书架图标（图 1-43 中的 android-lib）；java library module 会显示一个咖啡图标（图 1-43 中的 java-lib）。

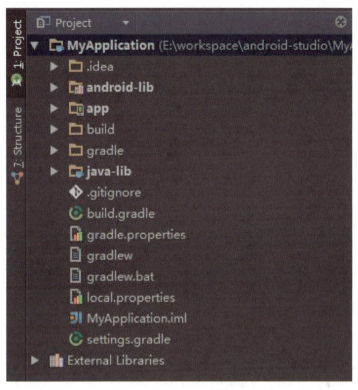

图 1-43　Project 面板

（2）Build Variants 面板，用于设置当前项目的 Build Variants（Gradle 知识）。所有的 module 默认都会有 release 和 debug 两种选项。当你添加了 BuildTypes 和 productFlavors，这里将出现更多的选项（Gradle 知识）。在默认情况下，release 和 debug 的区别并不是很明显，对于代码来说，是没有区别的。

（3）Android 面板，功能类似于 Eclipse 中的 Logcat，但是比其多了一些常用功能，例如截图、查看系统信息等。

（4）编辑区，用于编辑文件。

（5）Gradle 面板，Gradle 任务列表，双击可执行 Gradle 任务。常用任务：build、clean、assemble、assembleRelease、assembleDebug、lint。

2. 功能 2

切换 Project 视图。

默认的 Project 面板显示的目录结构为 Android。通过点击可以进行切换（图 1-44）。

图 1-44　切换 Project 视图

3. 功能 3

常用按钮如图 1-45 所示。

图 1-45 常用按钮

(1)编译右侧 module 列表中显示的 module。
(2)当前 Project 的 module 列表。
(3)运行左侧 module 列表中显示的 module。
(4)debug 左侧 module 列表中显示的 module。
(5)attach debugger to Android process。
(6)设置。
(7)项目属性。
(8)使用 Gradle 编译 Project。
(9)虚拟机。
(10)SDK Manager。
(11)DDMS。

4. 功能 4

常用面板如图 1-46 所示。

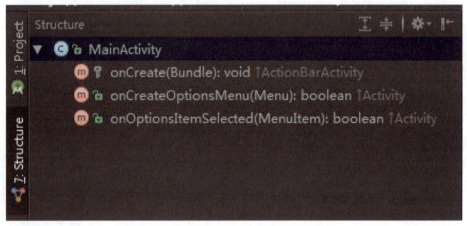

图 1-46 常用面板

Structure 用于显示当前活动文件的结构。它不仅仅支持 Java 文件,同时支持 Xml 文件、.properties 配置文件等其他文件。

5. 功能 5

当你查看布局文件或者 drawable 的 Xml 文件时,右侧会有 Preview 选项,用于预览效果(图 1-47)。

图 1-47　预览布局效果

6. 功能 6

可在 Terminal 面板(图 1-48)界面下输入命令,从而执行相应的命令行命令。

7. 功能 7

Memory Monitor 用于查看 App 的内存使用情况(图 1-49)。

8. 功能 8

当你的项目使用了版本控制则会出来 Changes 面板(图 1-50)。该面板用于显示针对本地版本库,你修改的文件列表。默认的修改文件显示为蓝色,新建文件为青色,删除文件为灰色。

图 1-48 Terminal 面板

图 1-49 查看 App 的内存使用情况

图 1-50 版本控制面板

第五节 使用 Android Studio 编程

一、下载安装 Android Studio

在本部分中,你将创建一个简单的项目来尝试可在 Android Studio 中执行的一些操作。下载地址:

Android Studio:http://www.android-studio.org/
JDK:http://www.oracle.com/technetwork/java/javase/downloads/jdk8-downloads-2133151.html

需要注意的是:①在正式开始安装 Android Studio 之前,请先检查下你的 win10 的用户名(C 盘-> user)是否是含有中文(图 1-51),如果是,请新建一个用户,JDE 的安装和配置也须重新安装和配置,因为含有中文的路径都无法编译 gradle。无法编译 gradle 意味着 Android Studio 根本无法使用。②JDK 的版本不低于 1.6 但不高于 1.8,但最好是 1.8,即 SE8,x64 版本是 64 位,x86 是 32 位。一般都是下载 Windows 版本的 64 位。

图 1-51 检查用户名是否含中文

(1)根据上述地址下载好 Android Studio(图 1-52)。

图 1-52 下载 Android Studio

(2)打开该 exe 文件,在弹出的界面勾选"Android Virtual Device",用于以后的真机测试以及各种系统日志输出等(图1-53)。

图 1-53　安装 Android Studio

(3)选择安装目录,尽量将开发工具安装在固态硬盘,加速启动,此处示例安装在 D 盘。目录结构如图 1-54 所示。

图 1-54　选择安装路径

(4)是否在桌面创建快捷方式(图1-55),勾选就是不创建这个随意。点击"Install"进行安装,安装有点耗时,安装完成后点击"Finish"进行初始配置(图1-56)。

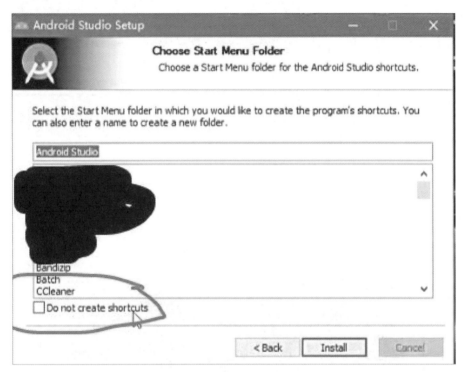

图 1-55　创建桌面快捷方式

图 1-56　运行 Android Studio

(5) 初始设置,是否导入先前的安卓项目(图 1-57),一般来说,新手入门应首先选择第二项,点击"OK"进行下一步操作。

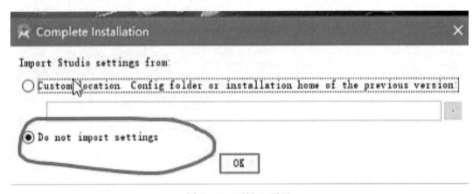

图 1-57 不导入项目

(6) 如果在启动过程中弹出如图 1-58 所示列表,点击"Cancel"取消,因为我们还没有进行设置。

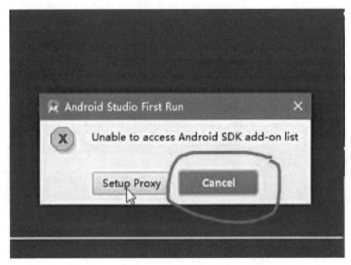

图 1-58 不导入 SDK

(7) 点击"Next"开始设置(图 1-59),选择 custom 进行自定义安装(图 1-60),如果选择 standard 标准安装,会将 SDK 安装在 C 盘(图 1-61),C 盘较小的同学请选择 custom 安装,此外示例安装在 D 盘。然后 UI 主题选择暗色调(图 1-62),随意。如果是 intel 的 CPU,记得勾选性能加速的选项,但同时要开启 CPU 虚拟化,主板 BIOS 设置-> 高级设置-> CPU 设置-> intel Virtualization(虚拟化)-> enabled,保存退出(图 1-63)。

图 1-59 点击"Next"

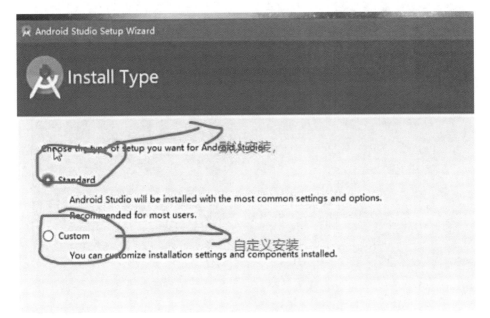

图 1-60 选择默认安装

图 1-61　导入 SDK

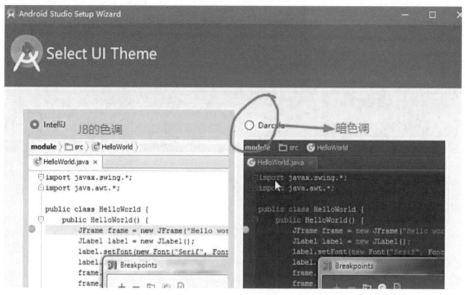

图 1-62　选择窗口颜色

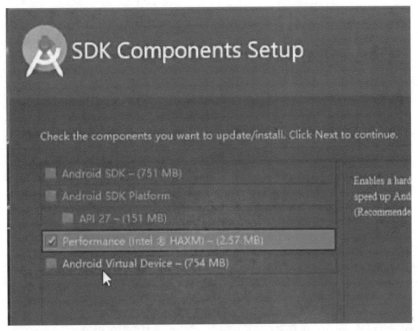

图 1-63　下载虚拟机

(8)接着进行内存分配(图 1-64),即分配多少内存给模拟机(即模拟机的内存有多大),一般都是 4096,如果你的开发机只有 8G,就分配 2048(图 1-65)。点击"Next",接着点击"Finish"进行边下载边安装操作(图 1-66),这一步的操作也比较耗时,这个过程可能会存在卡死的现象,请不要关闭和取消。

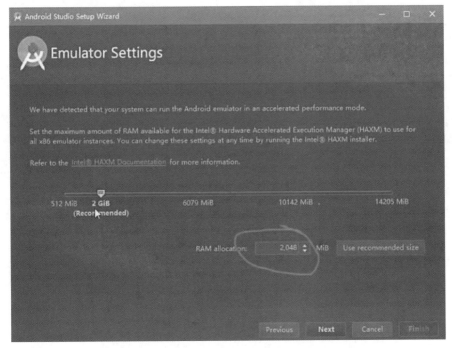

图 1-64　内存分配

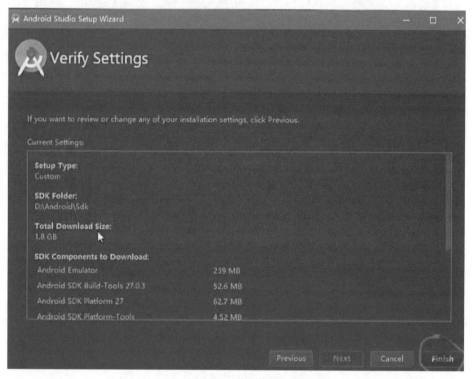

图 1-65 分配完成

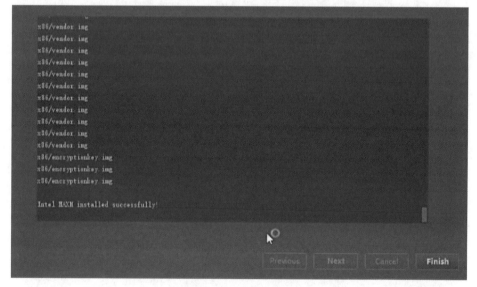

图 1-66 等待安装

(9)最后安装成功,点击"Finish",会弹出 Android Studio 的主界面(图 1-67)。

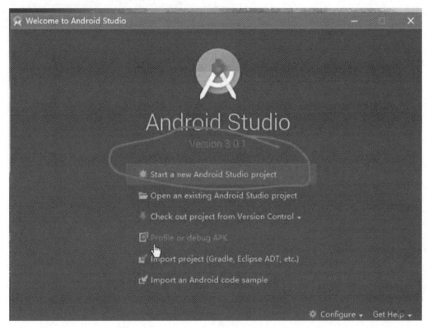

图 1-67　进入 Android Studio 主界面

(10)选择最低版本的 SDK(图 1-68),2018 年已经很少见基于 4.0 版本的手机了。一般来说都是 api16,接着选择空的 Activity(图 1-69),点击"Next",接着点击"Finish"进行工程创建(图 1-70)。

图 1-68　选择 SDK

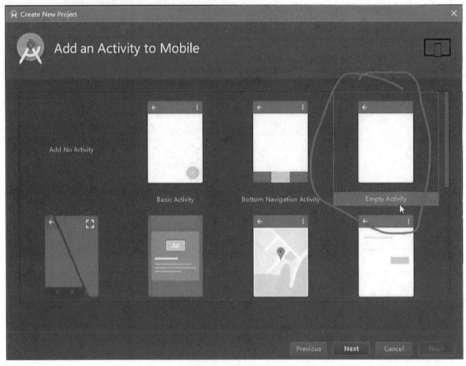

图 1-69　创建空项目

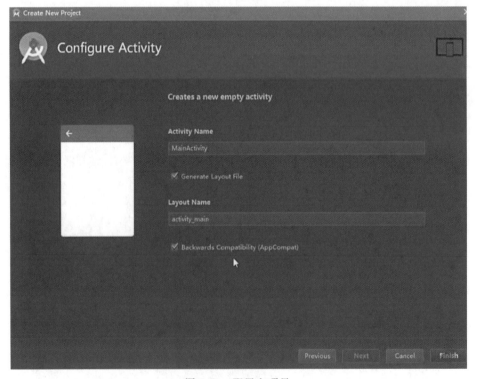

图 1-70　配置空项目

(11)新创建的工程要进行资源加载,加载速度有点慢,进入编辑界面后,左下方有错误。右上方的提示翻译为"**同步工程出错,基础功能失效**",解决方案就是下载一个 Gradle(图 1-71)。

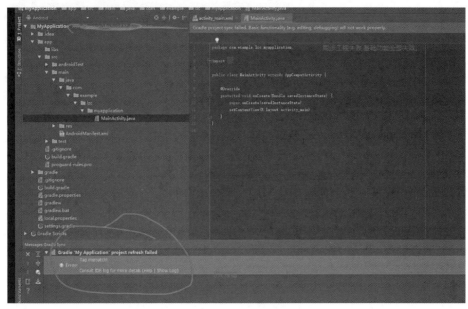

图 1-71　下载 Gradle

(12)若官网下载太慢,百度 gradle 4.4-all,一般云盘都会存储这个,下载相应的压缩包(89M)到本地(图 1-72),无需解压。然后依次按照 C 盘-> 用户-> 你的用户名-> .gradle-> wrapper-> dists-> gradle-4.4-all\ -> 9br9xq1tocpiv8o6njlyu5op1 打开,把刚才的下载 Gradle 包扔到这里面来即可,切记无需解压,接着回到 Android Studio,它就会开始同步(图 1-73)。同步的过程耗费时间有点长,并且会有弹窗弹出,询问是否允许访问网络(图 1-74)。

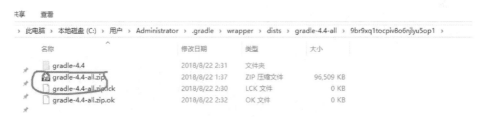

图 1-72　下载对应 gradle 压缩包

图 1-73　同步到 Android Studio

图 1-74　管理员权限打开

（13）如果期间还弹出需要安装 SDK 的提示（图 1-75），直接点击错误处链接进行安装，并且"同意协议"，无论它需要什么都直接"下载""接受"和"安装"（图 1-76）。

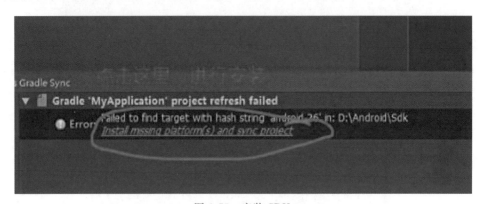

图 1-75　安装 SDK

（14）如果配置完成，我们尝试按照 Build-> Build APK(s)创建一个应用程序（图 1-71），如果创建成功，后台会输出"APK(s) generated successfully!"的字样（图 1-78）。

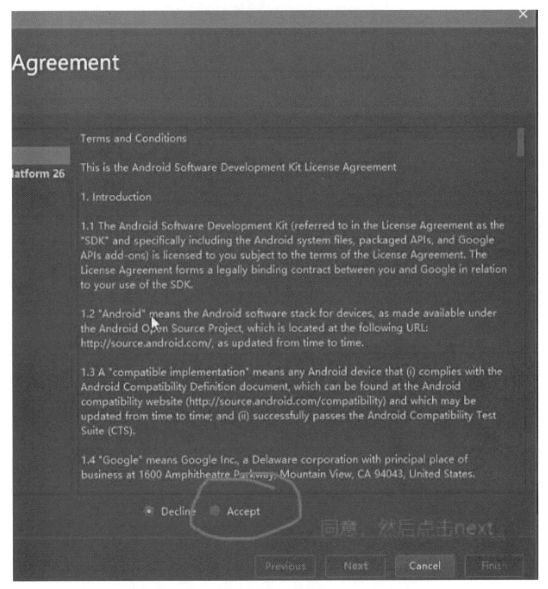

图 1-76　接受安装

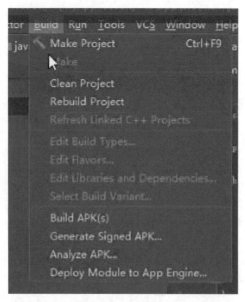

图 1-77 运行程序

图 1-78 运行成功

二、创建 Java 程序

下面我们将使用 Android Studio 创建第一个简单的 Hello World 应用程序。

（1）打开 Android Studio，加载画面如图 1-79 所示。

图 1-79 打开 Android Studio

(2)选择"Start a new Android Studio project",如图 1-80 所示。

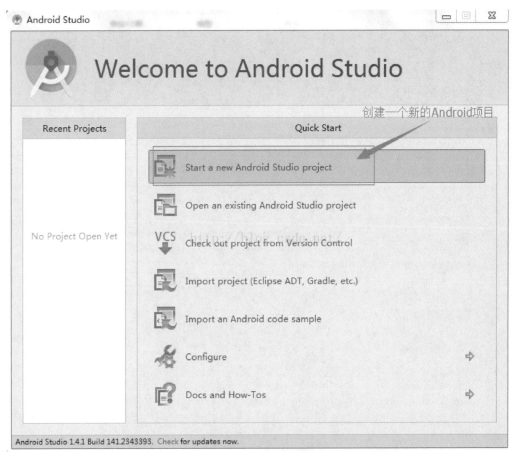

图 1-80　创建新项目

(3)输入应用程序名、选择项目路径,然后点击"Next",如图 1-81 所示。

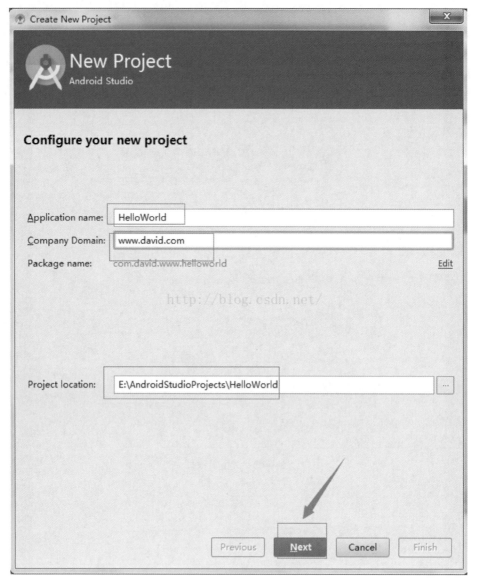

图 1-81　配置新项目

(4)选择最小版本的 SDK,然后点击"Next",如图 1-82 所示。

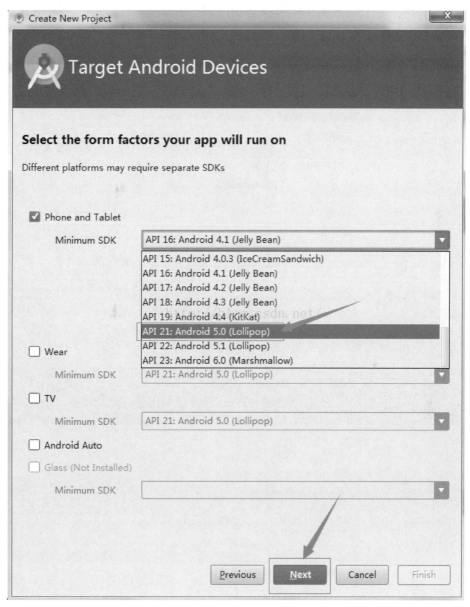

图 1-82 选择 SDK

(5)创建"Blank Activity",然后选择"Next",如图 1-83 所示。

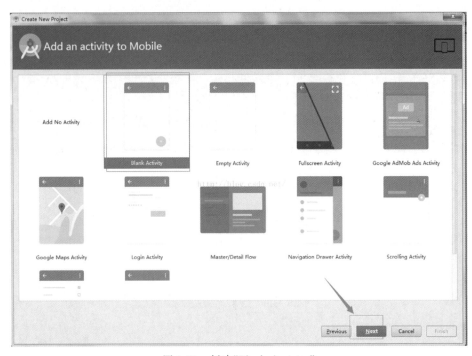

图 1-83　创建"Blank Activity"

(6)输入 Activity 名称、布局名称、标题等信息后,点击"Finish",如图 1-84 所示。

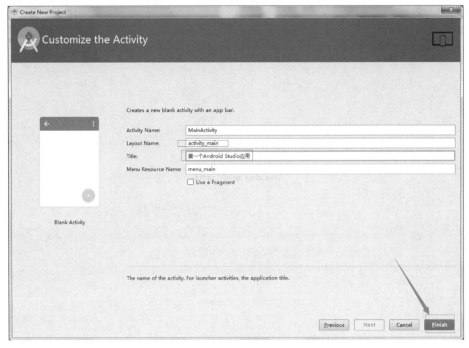

图 1-84　配置 Activity

(7)创建过程中加载相应组件如图 1-85 所示。

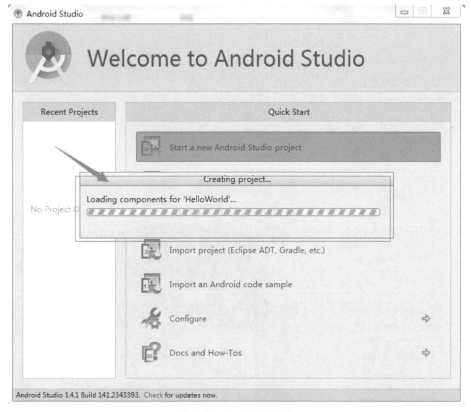

图 1-85　加载相应组件

(8)Android Studio 系统窗口如图 1-86 所示。

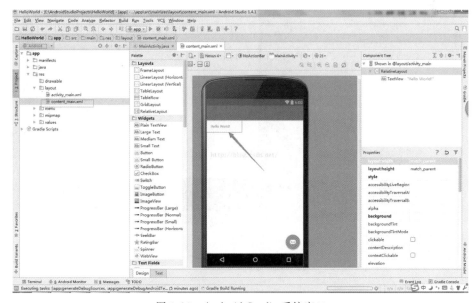

图 1-86　Android Studio 系统窗口

（9）双击模拟器中的文字，可以对文字进行修改，当然也可以直接修改布局文件 XML 来实现，然后点击"运行"图标，如图 1-87 所示。

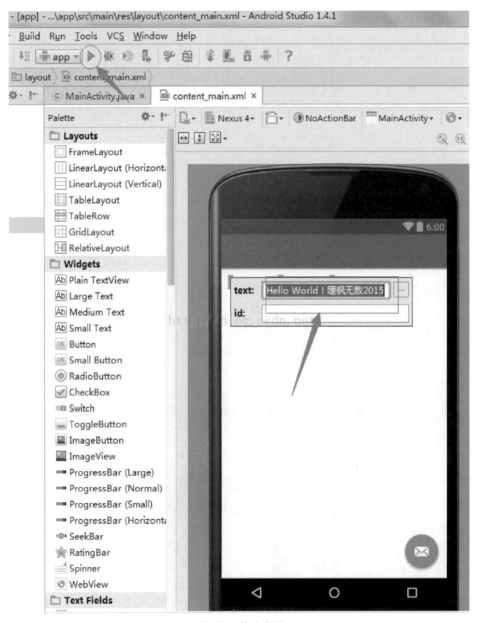

图 1-87　修改布局

（10）弹出 Device Chooser 对话框，选择默认模拟器设备，点击"OK"，如图 1-88 所示。

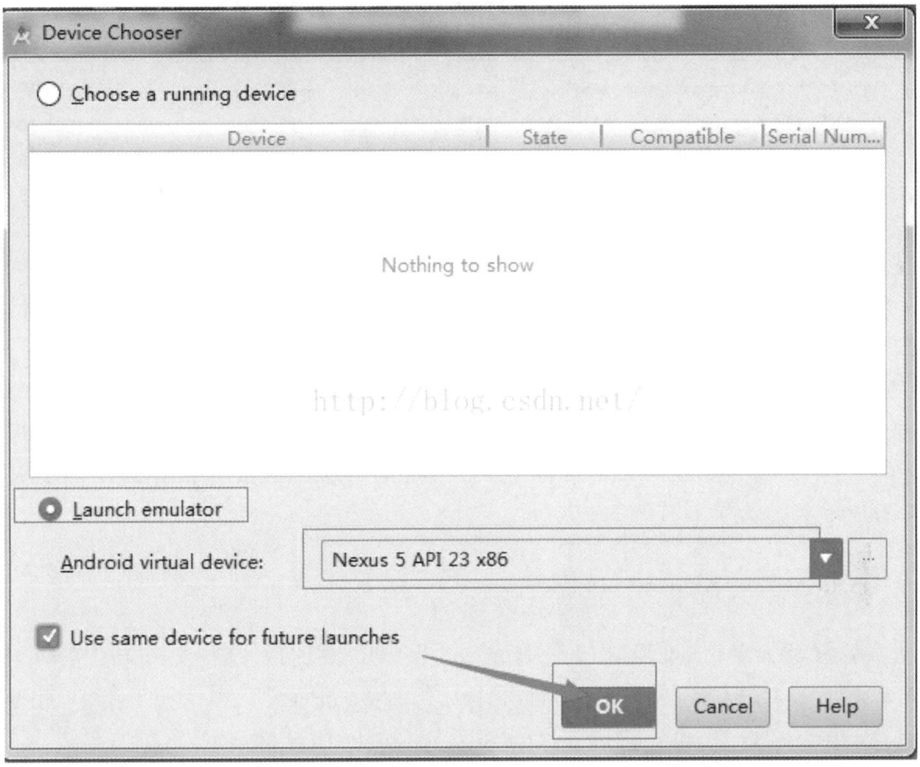

图 1-88　选择模拟器

（11）模拟器运行起来比较慢，需要耐心等待一段时间，模拟器加载成功的时间随机器的配置不同而不同，当然在开发的时候建议你直接使用真机进行调试，最终在模拟器上运行的效果如图 1-89 所示。

三、OpenCV 配置

现在，要在 Android Studio 中配置 OpenCV 环境。

1. 下载及目录介绍

进入官网（http://opencv.org/）下载 OpenCV4Android 并解压（这里是 OpenCV-2.4.9-android-sdk），下面是目录的结构图。

（1）sdk 目录即是我们开发 OpenCV 所需要的类库。

（2）samples 目录中存放着若干 OpenCV 应用示例（包括人脸检测等），可为我们进行 Android 下的 OpenCV 开发提供参考。

图 1-89　运行程序

（3）doc 目录为 OpenCV 类库的使用说明及 api 文档等。

（4）apk 目录则存放着对应于各内核版本的 OpenCV 应用安装包（图 1-90）。

OpenCV_2.4.9_binary_pack_armv7a.apk	2015/3/25 17:54	APK 文件	5,850 KB
OpenCV_2.4.9_Manager_2.18_armeabi.apk	2015/3/25 17:54	APK 文件	6,026 KB
OpenCV_2.4.9_Manager_2.18_armv7a-neon...	2015/3/25 17:54	APK 文件	7,106 KB
OpenCV_2.4.9_Manager_2.18_armv7a-neon...	2015/3/25 17:54	APK 文件	5,918 KB
OpenCV_2.4.9_Manager_2.18_mips.apk	2015/3/25 17:54	APK 文件	7,617 KB
OpenCV_2.4.9_Manager_2.18_x86.apk	2015/3/25 17:54	APK 文件	7,021 KB
readme.txt	2015/3/25 17:52	文本文档	3 KB

图 1-90　下载 OpenCV

注意：用来管理手机设备中的 OpenCV 类库，在运行 OpenCV 应用之前，必须确保手机中已经安装了 OpenCV_2.4.3.2_Manager_2.4_*.apk，否则 OpenCV 应用将会因为无法加载 OpenCV 类库而无法运行。

2. 将 OpenCV 引入 Android Studio

这里需要注意一点，你可以直接在 Android Studio 中选择 File-> Import Module，找到 OpenCV 解压的路径，选择 sdk/java 文件夹作为 Module 进行导入。为便于维护，此处的建议是，找到 sdk 下 java 目录，将其拷贝到你的 StudioProject 项目目录下，再进行引入。

图 1-91　导入 OpenCV

3. 更新 build.gradle 信息（图 1-92）

导入后会因为 Gradle 中的配置问题出现错误，在 Studio 中的左上角选择 Project 视图，在引入的 OpenCVLibrary 文件夹下，打开 build.gradle（注意是引入的 openCVLibrary 249 下），修改文件中信息（图 1-93）：① compileSdkVersion；② buildToolsVersion；③ minSdkVersion；④ targetSdkVersion（将其内容与 app 文件夹下的 build.gradle 中信息相一致）。

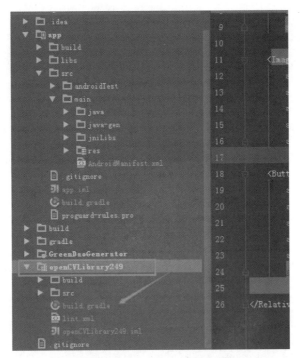

图 1-92　更新 build.gradle 信息

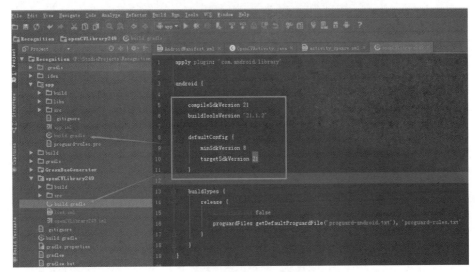

图 1-93　修改 build.gradle 文件

点击 Gradle 进行同步（Sync Gradle）。

4. 添加 Module Dependency

选择 File-> Project Structure，在 app Module 的 Dependencies 一栏中，点击右上角的加号，将 openCVLibrary 添加进去（图 1-94），点击确定。

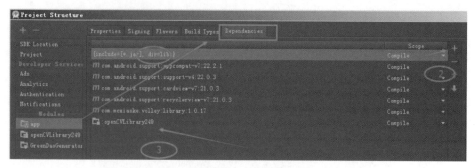

图 1-94 添加 openCVLibrary

5. 复制 libs 文件夹到项目中

在 OpenCV 的解压包中,将 sdk-> native-> libs 文件夹复制(图 1-95),粘贴在 Project 视图下 app-> src-> main 目录下,并将其重命名为 jniLibs。

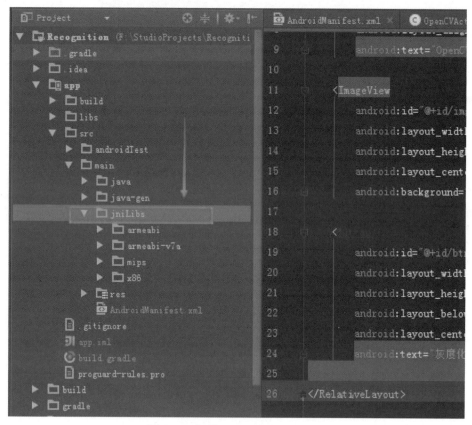

图 1-95 复制 libs 文件夹到项目中

到此,OpenCV 的环境就配置完成了。

四、OpenCV 测试

Android 使用 OpenCV 将彩图转化为灰图的例子如下。

OpenCVActivity.java 中代码：

```java
public class OpenCVActivity extends Activity{

    private Button btn;
    private ImageView img;

    private Bitmap srcBitmap;
    private Bitmap grayBitmap;
    private static boolean flag = true;
    private static boolean isFirst = true;
    private static final String TAG = "gao_chun";


    @Override
    protected void onCreate(Bundle savedInstanceState) {
        super.onCreate(savedInstanceState);
        setContentView(R.layout.activity_opencv);

        img = (ImageView)findViewById(R.id.img);
        btn = (Button)findViewById(R.id.btn);
        btn.setOnClickListener(new ProcessClickListener());
    }

    @Override
    protected void onResume() {
        super.onResume();
        //load OpenCV engine and init OpenCV library
        OpenCVLoader.initAsync(OpenCVLoader.OPENCV_VERSION_2_4_9, getApplicationContext(), mLoaderCallback);
        Log.i(TAG, "onResume sucess load OpenCV...");
    }

    //OpenCV 库加载并初始化成功后的回调函数
    private BaseLoaderCallback mLoaderCallback = new BaseLoaderCallback(this) {

        @Override
        public void onManagerConnected(int status) {
            // TODO Auto-generated method stub
            switch (status){
                case BaseLoaderCallback.SUCCESS:
                    Log.i(TAG, "成功加载");
                    break;
                default:
                    super.onManagerConnected(status);
```

```java
                Log.i(TAG, "加载失败");
                break;
        }
    }
};

public void procSrc2Gray(){
    Mat rgbMat = new Mat();
    Mat grayMat = new Mat();
    srcBitmap = BitmapFactory.decodeResource(getResources(), R.drawable.genie);
    grayBitmap = Bitmap.createBitmap(srcBitmap.getWidth(), srcBitmap.getHeight(), Bitmap.Config.RGB_565);
    Utils.bitmapToMat(srcBitmap, rgbMat);//convert original bitmap to Mat, R G B.
    Imgproc.cvtColor(rgbMat, grayMat, Imgproc.COLOR_RGB2GRAY);//rgbMat to gray grayMat
    Utils.matToBitmap(grayMat, grayBitmap); //convert mat to bitmap
    Log.i(TAG, "procSrc2Gray sucess...");
}


public class ProcessClickListener implements View.OnClickListener{

    @Override
    public void onClick(View v) {
        // TODO Auto- generated method stub
        if(isFirst){
            procSrc2Gray();
            isFirst = false;
        }
        if(flag){
            img.setImageBitmap(grayBitmap);
            btn.setText("查看原图");
            flag = false;
        }else{
            img.setImageBitmap(srcBitmap);
            btn.setText("灰度化");
            flag = true;
        }
    }
}

}
```

activity_opencv.xml：

```xml
< RelativeLayout xmlns:android= "http://schemas.android.com/apk/res/android"
    android:layout_width= "match_parent"
    android:layout_height= "match_parent">
```

```
< TextView
    android:layout_width= "wrap_content"
    android:layout_height= "wrap_content"
    android:layout_alignParentTop= "true"
    android:text= "OpenCV"/>

< ImageView
    android:id= "@ + id/img"
    android:layout_width= "wrap_content"
    android:layout_height= "wrap_content"
    android:layout_centerInParent= "true"
    android:background= "@ drawable/genie"/>

< Button
    android:id= "@ + id/btn"
    android:layout_width= "wrap_content"
    android:layout_height= "wrap_content"
    android:layout_below= "@ id/img"
    android:layout_centerHorizontal= "true"
    android:text= "灰度化"/> "
< /RelativeLayout>
```

运行后的效果如图1-96所示。

图1-96　程序运行结果

第二章 数字系统设计主要内容

第一节 踏频器设计

一、实验内容及要求

(1) 能够正确使用 Visual Studio 和 Matlab 软件。
(2) 车辆起步到踏频算出:最大延迟 3 圈。
(3) 切数据无明显跳动情况,无跳值问题。
(4) 准确性在 1‰ 以内。
(5) 提交实验报告,完成实验要求内容。

二、设计方案介绍

本实验中速度器固定在自行车前轮轮轴上,如图 2-1 所示。

图 2-1 速度器固定

1. 地磁传感器基本原理

地磁传感器(图 2-2):各向异性磁阻传感器由薄膜合金(透磁合金)制成,利用载流磁性材料在外部磁场存在时电阻特性将会改变的基本原理进行磁场变化的测量。当传感器接通以后,假设没有任何外部磁场,薄膜合金会有一个平行于电流方向的内部磁化矢量。

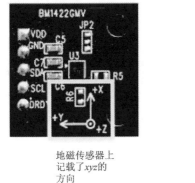

地磁传感器上记载了 xyz 的方向

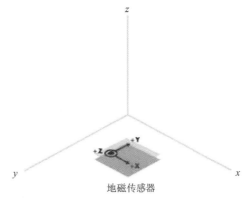

地磁传感器

面向北方,与 xyz 轴各方向一致时传感器的值
(=地磁强度)成为最大值

图 2-2 地磁传感器原理

2. 踏频器原理分析

如图 2-3 所示,踏频器被固定在曲柄上,随曲柄一起做圆周运动。根据加速度计的原理,此时加速度计内部的小球应该"被甩到"贴紧踏频器外壁的位置。因此,小球应该受到重力 mg、底壁对小球的支持力 F_{N_y},以及外壁对小球的压力 F_{N_x}。

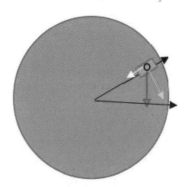

注:本书定义向心方向(径向/法向)为 x 轴,切向为 y 轴。

图 2-3 受力分析图

将重力进行正交分解,可知使小球维持圆周运动的向心力 $F_{向}$ 由 F_{N_x} 提供,因此可以得到表达式:

$$F_{向} = F_{N_x} + mg\sin\theta$$

同理可得到切向方向的表达式:

$$F_{切} = mg\cos\theta - F_{N_y}$$

设加速度计直接测得的向心加速度值为 $a_{测x}$，切向加速度值为 $a_{测y}$，由加速度计原理可知，$F_{N_x}=ma_{测x}$，$F_{N_y}=ma_{测y}$。因此对加速度进行分析，式子两边同时除以 m，可得：

$$a_{向}=a_{测x}+g\sin\theta$$
$$a_{切}=g\cos\theta-a_{测y}$$

1) 迫零法

首先计算加速度计内部小球的线速度。设自行车曲柄长度为 R，由于模型分析的是圆周运动，此时线速度即为圆周运动的切向速度 $V_{切}$，可得：

$$F_{向}=mv_{切}^2/R$$
$$a_{向}=v_{切}^2/R$$
$$V_{切}=\sqrt{(a_{测}+g\sin\theta)R}$$

由于曲柄旋转一周的周长为 $L=2\pi R$，设每踏一圈，即曲柄每转一圈所消耗的时间为 T，可得：

$$T=L/V_{切}=2\pi\sqrt{R}/\sqrt{a_{向}}$$

$a_{向}$ 是未知量，但 $a_{向}=a_{测}+g\sin\theta$，此处 $a_{测}$ 为已知量，变换该式可得：

$$a_{测}=a_{向}-g\sin\theta$$

可以将该式中 $a_{向}$ 视为直流分量，$g\sin\theta$ 视为交流分量。若能将直流分量 $a_{向}$ 取出，计算 T 的公式将只有一个未知量 R，得出踏频值的算法复杂度将会降低。下面引入取出 $a_{向}$ 的算法：

该算法是对 x 轴上 $a_{测}$ 的波形进行分析，前提条件为假设踏频半径 R 已知，并舍弃起始时刻不稳定的原始波形数据，算法的具体处理过程如下。

(1) 利用峰值算法，求出第一个周期 T_0 作为初值。

(2) 计算 T_0 周期内 $a_{测}$ 波形的均值。由于 $a_{测}$ 波形的表达式为

$$a_{测}=a_{向}-g\sin\theta$$

一个周期内，交流分量均值将是 0，因此最后的均值即为圆周运动的向心加速度 $a_{向}$。

(3) 到这里已经取出了 $a_{向}$，但由于 T_0 只是根据峰-峰值算法得到的一个估计值，可能存在较大的误差，因此需要利用迫零的思想继续计算周期 T。

(4) 根据 (2) 中所求得的向心加速度 $a_{向}$，计算出当前圆周运动的周期 T_c。

(5) 判断周期预测值与计算值是否相等 (在允许误差范围内)，或是预测值为计算值的整数倍。若满足关系，认为当前周期值为真值，结束迭代；若不满足，将预测值增加步长 Δt，继续迭代，直至满足条件后结束迭代。

上述算法分析均是建立在 R 值已知的前提下，而实际上 R 值是未知的。为求得较为精确的 R 值，在初始骑行时间内，采用角度法多次计算出 R 值并进行训练。对于每次骑行，R 值是定值，因此最后可以得到较为精确的 R 值。

该算法的优势在于利用 $1/T$ 与 $a_{向}$ 呈正相关关系，即踏频值和 $a_{向}$ 呈正相关关系。因此，$a_{向}$ 可以反映踏频值，踏频值的变化根本源于 $a_{向}$ 的变化，从而在原理上避免异常踏频值的产生。

但该算法存在以下问题需要解决改进。

(1)线速度等于切向速度的前提是轮轴固定,即原地进行圆周运动的情况下才成立,而实际运动场景是车子还在向前运动,单独分析踏频器的轨迹实际上是一个螺旋向前的轨迹,需要进一步确定这一点是否会对算法造成影响。

(2)求的均值就是 $a_{向}$ 的前提是交流分量在一个周期内均值是 0,但是若波形不关于 x 轴对称,交流分量的均值就不是零,从而带来误差。

(3)在实际仿真中发现,本算法对曲柄半径 R 的要求非常高,如果得不到足够精确的 R 值,会带来较大的误差。

2)角度法

由前文推导的公式 $a_{向}=a_{测x}+g\sin\theta, a_{切}=g\cos\theta-a_{测y}$ 可知:

$$a_{测x}=a_{向}-g\sin\theta$$

$$a_{测y}=g\cos\theta-a_{切}$$

由于踏频值的正常输出范围为 20～200rpm,据此可得踏频的频率范围为 0.3～3.3Hz,通过对 x 轴的输出 $a_{测x}$ 和 y 轴输出 $a_{测y}$ 进行 IIR 数字滤波后可分别取出 $g\sin\theta$ 和 $g\cos\theta$ 两个分量,分别记为 $a'_{测x}$ 和 $a'_{测y}$。

加速度计与水平角的夹角 θ,就可表示踏频器旋转角度,当检测到 θ 角时从 0°变化到 360°时,可判断踏频器变化了一圈。

该算法的优势在于该算法有一定的实验和测试基础,且骑行测试结果正确率高达 99%。

3)峰值法

计算踏频值的本质就是计算加速度计输出正余弦波形的周期,因此可以对加速度计的输出波形进行峰-峰值计算,得到踏频一周的时间,从而计算该时间段的踏频值。

虽然加速度计输出波形的波峰值大小并不相同,但是它们总在一定的范围内波动。所以波峰点应该满足两个性质:它的位置在当前周期中幅值最大点的附近;它的幅值大于其邻域内其他的点。只要找出这样的点就行了。

将原始数据全部乘以 -1,也就是将原始数据都变成它的相反数,然后再求出变换后的数据的波峰,这就等价于原始数据的波谷了。

该算法的优势在于由于踏频器设备功耗要求在 0.5～0.6mW,所以对算法的复杂度有一定要求,而峰-峰值算法简单直观,可通过对加速度计的输出波形进行峰-峰值计算,得到踏频一周的时间,从而计算该时间段的踏频值。

该算法存在的问题有 3 点。

(1)异常环境影响较大。骑行过程中的刹车、反踩、抖动都会出现异常波形,峰-峰值算法不能完成准确输出,需要添加规则完善算法。

(2)半径的选取。由于抖动问题,出现如图 2-4 所示的特殊情形,此时 C 点肯定不能作为波谷,这时就面临一个半径选择问题,A 点和 C 点水平距离多大时才将 C 点判定为峰值点。

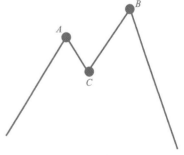

图 2-4 特殊情况

(3)双峰值的判定。同样如图2-4所示的特殊情形(假设此时C点不作为波谷输出),因为AB两点的峰值不相等,且它们都满足上述两个条件,但是它们却只有一个能作为波峰,需设定规则来判定其中一个作为波峰输出。

4)幅值与波峰值检测算法

该算法利用3条规则对异常波形进行处理:规则一为幅值检测,若波形幅值小于200,则保持上一圈数据,否则,进行规则二检测。规则二为正负半轴比例检测,若波形的正半轴数据点:负半轴数据点<0.5:1或负半轴数据点:正半轴数据点<0.5:1,则保持上一圈数据,否则,进行规则三检测。规则三为周期检测,原理及检测步骤如下。

(1)原理简述(图2-5)如下。

由atan2(y,x)函数可分析,只有当$x<0$,且y过零点(由正到负),才会发生一次360°的正向跳变。因此,正常情况下,两次正向跳变之间,x轴和y轴的波形应该为图2-6所示,其中深色代表x轴,浅色代表y轴。

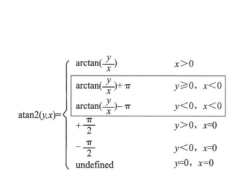

图2-5 atan2(y,x)函数

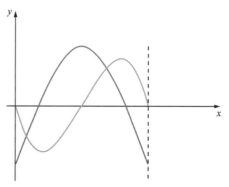

图2-6 正向两次跳变之间x轴y轴的波形

由于两次正向翻转,y轴的变化趋势必定是先下(0正到0负)再上再下(0正到0负),所以本规则只需要对x轴的波形进行检测。

(2)检测步骤如下。

幅值检测:当发生两侧跳变时,y轴变化了一个周期,此时在正常情况下,x轴必定也变化了一周,所以x轴第一次跳变的幅值(起始值)应该与第二次跳变的幅值(终止值)近似相等。因此在检测时,设置起始值与终止值的差值在200以内。若x轴起始值与终止值的差值大于200,则保持上一圈数据,否则,进行波峰检测。

波峰检测:在满足幅值检测之后进行x轴的波峰检测,通过峰值数来判定在两次翻转之间x轴变化了几个周期。首先用三点法找到所有波峰,再对波峰大小进行检测,检测方法如下。

设两次翻转之间有n个点,取步长为$5/n$(此参数可调整),将波峰与距离其1个步长的前后两个点做比较,若该波峰幅值均大于这两个点,则判定为波峰,否则,不判定其为波峰。若x轴有两个或两个以上波峰,即在两次翻转之间x轴变化了两个或两个以上周期,则判定为异常波形,保持上一圈数据。

例如,图 2-7、图 2-8 列举了两个不同情境下正向两次跳变之间 x 轴和 y 轴的波形(其中深色代表 x 轴,浅色代表 y 轴),分别将图 2-7、图 2-8 中的 x 轴波形经过波峰检测后,图 2-7 中 x 轴为一个波峰,图 2-8 中 x 轴为两个波峰。显然,图 2-7 中的 x 轴波形并非异常波形,只是外界干扰造成了图形的变化,但其携带的踏频信息为有用信息,而图 2-8 中的 x 轴波形为异常波形,需舍弃。

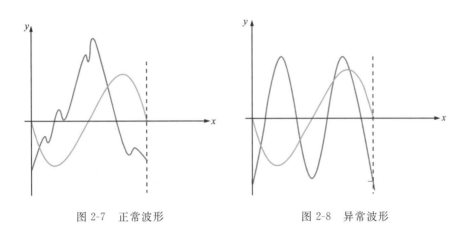

图 2-7 正常波形　　　　　　　　图 2-8 异常波形

三、调试过程与记录

测试说明:本次测试只针对速度传感器是否跳极值做测试确认。

测试方法:测试分为室内测试和室外对比测试。为优化测试方法,避免测试数据无法识别,通过综合考量后,选择将速度数据通过心率通道做输出。

(1)测试一:将 GARMIN 速度传感器和改善后的 IGPSPORT 速度传感器手动摇车对比测试(图 2-9)。

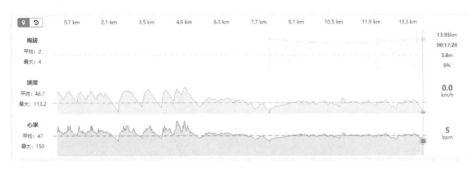

图 2-9 GARMIN 传感器和改善后传感器测试

测试时长为 17min。测试中没有发现跳极值现象。

(2)测试二:在室内架设自行车,将改善前的速度传感器和改善后的速度传感器绑在一起,安装在后轮上,用手摇动自行车,记录并观测速度值是否有波动(图 2-10)。

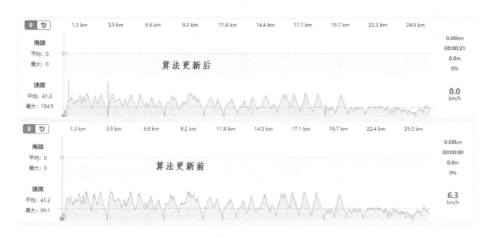

图 2-10　改善前和改善后的速度传感器测试

测试时长为 60min。优化前的传感器出现跳值,优化后的速度传感器没有出现跳值现象,算法改善后的速度传感器针对跳极值问题优化明显。

(3) 测试三:在室内架设自行车,将改善前的速度传感器、改善后的速度传感器和 GARMIN 的速度传感器绑在一起,安装在后轮上,用手摇动自行车,记录并观测速度值是否有波动(图 2-11)。

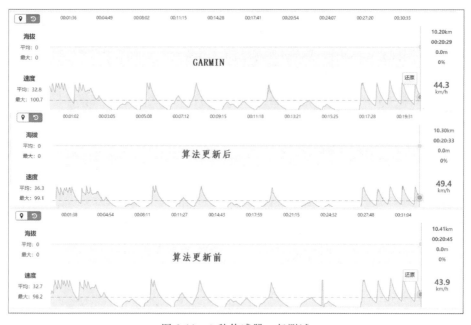

图 2-11　3 种传感器一起测试

测试时长为 20min。优化前的速度传感器出现一次跳极值情况,优化后的速度传感器和 GARMIN 传感器没有出现跳极值现象。GARMIN 的速度传感器曲线和改善后的速度传感器曲线基本保持一致,算法改善前的程序出现跳值。

(4) 测试四:将改善算法后的速度传感器安装在自行车上进行户外骑行测试(图 2-12)。

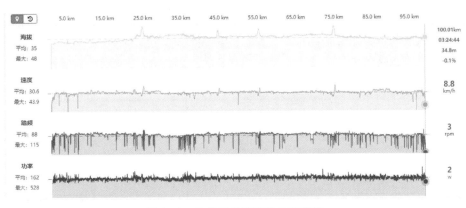

图 2-12　改善后的传感器户外测试

测试时长为 204min。测试没有发现跳极值现象。

(5)测试五:将改善算法后的速度传感器安装在自行车上进行户外骑行测试(图 2-13)。

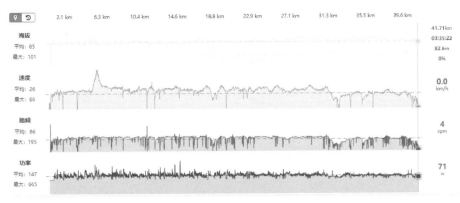

图 2-13　改善后的传感器户外测试

测试时长为 215min。测试没有发现跳极值现象。

(6)测试六:测试样机为算法改善后的样机(图 2-14)。

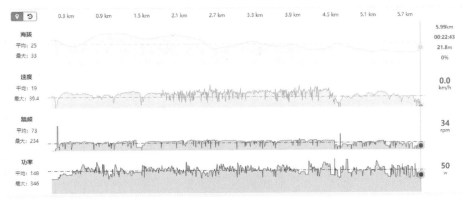

图 2-14　改善后的传感器户外测试

测试时长为 22min。测试没有发现跳极值现象。

(7) 测试七:速度值通过心率通道输出,和 GARMIN 对比测试(图 2-15)。

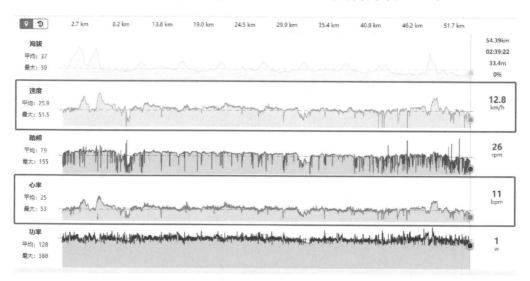

图 2-15　改善后的传感器和 GARMIN 对比测试(一)

测试时长为 159min。测试没有发现跳极值现象。

(8) 测试八:速度值通过心率通道输出,和 GARMIN 对比测试(图 2-16)。

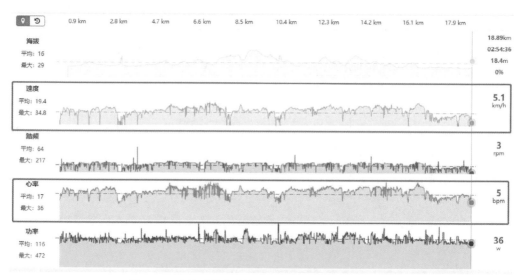

图 2-16　改善后的传感器和 GARMIN 对比测试(二)

测试时长为 174min。测试没有发现跳极值现象。

(9) 测试九:户外骑行测试,速度值通过心率通道输出,和 GARMIN 对比测试(图 2-17)。

测试时长为 164min。测试没有发现跳极值现象。

四、调试数据结果

对测试数据总结如表 2-1 所示。

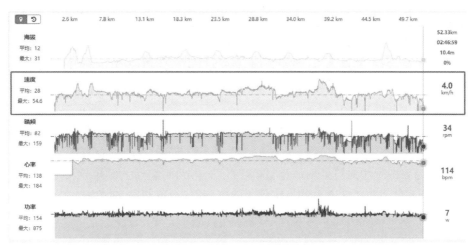

图 2-17 改善后的传感器和 GARMIN 户外骑行对比测试

表 2-1 测试数据总结

测试项	测试时长/min	测试结论
室内测试	17	无跳极值
	60	无跳极值
	20	无跳极值
室外骑行	204	无跳极值
	215	无跳极值
	22	无跳极值
	159	无跳极值
	174	无跳极值
	164	无跳极值
测试结果	1035	测试通过

第二节 荧光图像处理

一、实习内容及要求

实习内容：以 Visual Studio IDE 为平台，设计并实现基于荧光法的粒子图像测速（Particle Image Velocimetry，简称 PIV）算法。

实习要求：得到连续两帧粒子图像中速度场的分布。

二、设计方案介绍

粒子图像测速是一种非接触式、全局、定量的智能检测手段，其基本原理是在流场中散播适当的示踪粒子,用光源照射测量场的切面区域,通过成像系统获取曝光的粒子图像,在计算机上运用图像处理技术,从拍摄所得图像中取相邻两张图像,对其中示踪粒子或多个粒子构成的图像进行位移分析,除以极短的曝光时间后,可得出流体运动的速度场信息。

此处使用的粒子图像测速算法基于 OpenCV 函数库设计,这是一个在 BSD 开源许可下用 C/C++语言编写的计算机视觉库。

粒子图像测速算法首先读入两张粒子图像并进行滤波处理;设置的参数包括查询区域和窗口偏移量;对两张图像分别进行分块处理,并将每个查询区域的中心坐标存入中心坐标值矩阵。依次对两张图像中对应的区域进行模板匹配,得到匹配点坐标并存入匹配点坐标值矩阵;在中心坐标点矩阵和匹配点坐标值矩阵之间绘制箭头,得到流场的速度矢量关系,最后保存速度矢量图。粒子图像测速算法流程如图 2-18 所示。

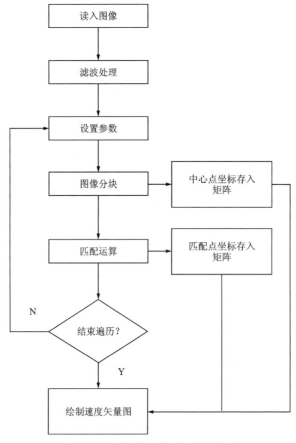

图 2-18　粒子图像测速算法流程图

1. 图像分块

不论从算法角度还是实际需要,都不可能对每一个示踪粒子进行跟踪得到它的位移,从而得到速度矢量场,也不可能对整张图像进行匹配计算,因为这样得到的速度矢量过少,分析流场没有任何意义。所以大多数粒子图像测速算法都对粒子图像进行了分块处理,即为了获得某一点的流速,在第一帧图像中围绕该点取一个查询窗口(诊断窗口),然后计算查询窗口的位移,用查询窗口中多个粒子的平均位移取代该点的真实位移。因此,查询窗口的大小对粒子图像测速算法的准确性有很大影响,具体表现为受两个矛盾因素的制约:一是查询窗口的尺寸不能太小,太小的查询窗口所包含的粒子信息少,容易造成误匹配;二是查询窗口的尺寸也不能太大,太大的查询窗口有很大的平均效应,降低了流速测量的局部分辨率,也降低了速度测量的精度。

因此,粒子图像查询窗口的选取也是早期粒子图像测速技术的关键问题。为了解决这一难题,研究人员通过改变查询窗口的大小、形状和位移等,提出了自适应窗口方法。

2. 图像匹配

图像匹配是粒子图像测速算法最关键的部分,它的性能直接决定了 PIV 结果的准确性和计算速度。常用的图像匹配算法大致分为两类:基于灰度的图像匹配算法和基于特征的图像匹配算法。基于灰度的图像匹配算法将图像看成是二维信号,采用统计相关的方法寻找信号间的相关匹配,主要有互相关匹配算法、基于傅里叶变换的相位匹配算法、图像矩匹配算法等。基于灰度的图像匹配算法的优点是精度高,但同时也存在如下缺点:①对图像的灰度变化较敏感,尤其是非线性的光照变化,将大大降低算法的准确性和计算速度;②计算的复杂度高;③对目标的旋转、变形以及遮挡比较敏感。

基于特征的图像匹配算法通过提取两个图像的特征(如点、线、面等),对图像特征进行参数描述,并运用所描述的参数来进行图像匹配,该算法可以克服基于灰度的图像匹配算法的缺点,其优点主要体现在 3 个方面:①图像的特征点比图像的像素点少得多,减少了匹配过程的计算量;②特征点的匹配度量值对位置的变化比较敏感,大大提高匹配的精度;③特征点的提取过程可以减少噪声的影响,对灰度变化、图像变形以及遮挡等场景具备良好的适应能力。

由于基于特征的图像匹配算法一般采用小波变换、神经网络和遗传算法,使得算法程序变得很复杂,考虑到 PIV 算法运行在 Android 平台,并且归一化互相关(Normalized Cross Correlation,简称 NCC)对图像序列的要求不高,也没有需要用户搜索的参数。

综上,粒子图像测试算法最终选择互相关匹配算法作为图像匹配准则。

基于 FFT 的 PIV 算法是目前粒子图像测速技术中使用最为广泛的一种方法。因为快速傅里叶变换的运算量为 $O(N\log_2 N)$ 次,对于一个待匹配的窗口,需要的计算次数为:

$$3*(ww*wh*\log_2(ww*wh))+2(wh*ww)$$

在实际应用中利用傅里叶变换的定理把空间域相关系数的计算转换为频率域的乘法计算。该方法把数字化图像看作是随时间变化的离散的二维信号场序列,引入快速傅里叶变换算法,通过计算连续两帧荧光显微图像中相应位置处的两个查询窗口的互相关函数,得到图像查询窗口中各粒子的平均移位,其过程如图 2-19 所示。

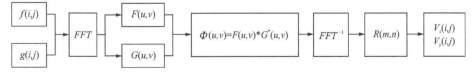

图 2-19 基于 FFT 的 PIV 算法过程

由图可知，基于 FFT 的 PIV 算法在连续两帧图像的相同位置上选取两个查询窗口 $f(i,j)$ 和 $g(i,j)$，窗口的大小为 $M*N$，然后将 $f(i,j)$ 和 $g(i,j)$ 按下式进行互相关计算：

$$R(m,n) = \sum_{i=0}^{M-1} \sum_{j=0}^{N-1} f(i,j)g(i+m,j+n)$$

因为对互相关函数 $R(m,n)$ 进行离散傅里叶变换，结果为第一帧图像的快速傅里叶变换乘以第二帧图像的快速傅里叶变换的共轭。因此，首先对查询窗口 $f(i,j)$ 和 $g(i,j)$ 进行 FFT 计算，分别得到 $F(u,v)$ 和 $G(u,v)$，进而得到 $R(m,n)$ 的傅里叶变换 $\Phi(u,v)=F(u,v)*G^*(u,v)$，$F(u,v)$ 是序列 $f(i,j)$ 的离散傅里叶变换，$G^*(u,v)$ 是 $g(i,j)$ 的离散傅里叶变换的共轭。$\Phi(u,v)$ 为 $R(m,n)$ 的傅里叶变换，u 和 v 分别满足：$0 \leqslant u \leqslant M-1$ 和 $0 \leqslant v \leqslant N-1$。最后对 $\Phi(u,v)$ 进行傅里叶逆变换得到 $R(m,n)$。则 $R(m,n)$ 最大时的 m 和 n 为查询窗口 f 和 g 的相对位移。

此时获得的查询窗口的相对位移为整数个像素，量化效果明显，对于实际应用不够精确，因此需要获得"亚像素"精度。为了获得"亚像素"的精度，就必须进行"亚像素"拟合，实现"亚像素"精度的经典方法是曲面拟合，在匹配点附近用一个指数曲面或是一个对数曲面进行逼近，是一种统计逼近。考虑到示踪粒子成像时亮度分布为高斯分布，本文采用高斯曲线拟合峰值，在相关峰值所在像素点的周围 4 个点进行拟合，最终确定相关峰值所在的精确位置。

$$\Delta x = a + \frac{\ln\{R(a-1,b) - \ln[R(a+1,b)]\}}{2\ln\{R(a-1,b) - 4\ln[R(a,b)] + 2\ln[R(a+1,b)]\}}$$

$$\Delta y = b + \frac{\ln\{R(a,b-1) - \ln[R(a,b+1)]\}}{2\ln\{R(a,b-1) - 4\ln[R(a,b)] + 2\ln[R(a,b+1)]\}}$$

由上述两式可获得"亚像素"精度的相对位移。$R(a,b)$ 表示互相关函数的最大值，a 和 b 表示互相关函数取最大值时相对应的坐标，$R(a-1,b)$、$R(a+1,b)$、$R(a,b-1)$ 和 $R(a,b+1)$ 分别表示互相关函数中与 $R(a,b)$ 最邻近的周围 4 个网格点上的互相关函数的数值。

实际上奈奎斯特采样定理决定了基于 FFT 的 PIV 算法所能检测到的粒子最大位移只能达到查询窗口的一半，但实际图像不可避免地存在噪声等影响，这种方法所能检测到的粒子最大位移只能达到查询窗口的 1/3。为了获得较高的有效数据，Adrain 建议最大粒子位移不要超过查询窗口的 25%，因此只保留下粒子位移不超过查询窗口 25% 的速度矢量。

在完成上述操作后，已经得到了粒子的速度矢量，为了提高粒子图像测速技术的准确性，还需要进行速度修正。对获得的速度进行判断，判断标准为任一个方向速度与周围的平均速度相差不能超过 50%。最后通过 arrowedLine 函数参数表在空白黑背景图像下绘制箭头，得到速度矢量关系。

三、调试过程与记录

(1) 读入原始粒子图像(图 2-20、图 2-21)。

图 2-20　原始粒子图像(0ms)

图 2-21　原始粒子图像(50ms)

读取图像后需要判断对应的矩阵变量是否为空(图 2-22)。

```
cv::Mat image0 = cv::imread(img1Path);
cv::Mat image1 = cv::imread(img1Path, 0);
cv::Mat image2 = cv::imread(img2Path, 0);
if (image1.empty() || image2.empty()) { printf("Fail to read image."); return -1; }
```

图 2-22　读取图片

(2)对原始图像进行滤波处理,几种常用的滤波算法如图 2-23～图 2-25 所示。

```cpp
/*--------------------GaussianBlur--------------------*/
cv::Mat GaussianBlurImg;
cv::namedWindow("GaussianBlurImg", cv::WINDOW_FREERATIO);
cv::namedWindow("GaussianBlurBar", cv::WINDOW_FREERATIO);
GaussianParam gaussianParam = {5, 1.0};
cv::GaussianBlur(src, GaussianBlurImg, cv::Size(5, 5), 1.0, 1.0);
GaussianParam gparam = { 5, 1.0 };
ImgPair gaussianPair = { &src, &GaussianBlurImg, &gparam, "GaussianBlurImg"};
cv::createTrackbar("kernelsize", "GaussianBlurBar", &(gparam.kernelSize), 20, on_gaussiankernelBar, &gaussianPair);
cv::createTrackbar("sigma", "GaussianBlurBar", &(gparam.kernelSize), 10, on_gaussianSigmaBar, &gaussianPair);
```

图 2-23 高斯滤波

```cpp
/*--------------------MedianBlur--------------------*/
cv::Mat MedianBlurImg;
int kernelSize = 5;
cv::namedWindow("MedianBlurImg", cv::WINDOW_FREERATIO);
cv::namedWindow("MedianBlurBar", cv::WINDOW_FREERATIO);
ImgPair medianPair = { &src, &MedianBlurImg, nullptr, "MedianBlurImg" };
cv::medianBlur(src, MedianBlurImg, 5);
cv::createTrackbar("kernelsize", "MedianBlurBar", &(kernelSize), 30, on_medianSigmaBar, &medianPair);
```

图 2-24 中值滤波

```cpp
/*--------------------Bilateral--------------------*/
/* bilateralFilter
Filter size (d) : Large filters (d > 5) are very slow, it is recommended to use d=5 for real-time applications,
and perhaps d=9 for offline applications that need heavy noise filtering. When d>0, it specifies the neighborhood
size regardless of sigmaSpace. Otherwise, d is proportional to sigmaSpace.

Sigma values : For simiplicity, you can set the 2 sigma values to be the same. If they are small(<10), the filter
will not have much effect, whereas if they are large(>150), they will have a very strong effect.
*/
cv::Mat BilateralFilterImg;
cv::bilateralFilter(src, BilateralFilterImg, 5, 100, 100);
BilateralParam bparam = { 5, 50, 50 };
ImgPair bilateralPair = { &src, &BilateralFilterImg, &bparam, "BilateralFilterImg" };
cv::namedWindow("BilateralFilterImg");
cv::namedWindow("BilateralFilterBar");
cv::createTrackbar("kernelsize", "BilateralFilterBar", &(bparam.kernelSize), 15, on_bilateralIDBar, &bilateralPair);
cv::createTrackbar("sigmaspace", "BilateralFilterBar", &(bparam.sigmaSpace), 300, on_bilateralSigmaSpaceBar, &bilateralPair);
cv::createTrackbar("sigmacolor", "BilateralFilterBar", &(bparam.sigmaColor), 300, on_bilateralSigmaColorBar, &bilateralPair);
```

图 2-25 双边滤波

（3）PIV 算法参数设置如图 2-26 所示。

```cpp
Mat Img1 = imread(pivlabpic1, 0);
Mat Img2 = imread(pivlabpic2, 0);

int ImgRow = Img1.rows;
int ImgCol = Img1.cols;

cout << "Row and Col : " << ImgRow << " * " << ImgCol << endl;

int cycle4row = (ImgRow - winSize) / stepSize;
int cycle4col = (ImgCol - winSize) / stepSize;
cout << "cycle4row and cycle4col : " << cycle4row << " * " << cycle4col << endl;

vector<vector<pair<double, double>>> array3D;
array3D.resize(cycle4row, vector<pair<double, double>>(cycle4col));
```

图 2-26 PIV 算法

(4) 以固定大小的查询窗口遍历图像(图 2-27)。

```
for (int i = 0; i < cycle4row; i++)
{
    for (int j = 0; j < cycle4col; j++)
    {
        Mat image1 = Img1(Rect(stepSize * j, stepSize * i, winSize, winSize));
        Mat image2 = Img2(Rect(stepSize * j, stepSize * i, winSize, winSize));
```

图 2-27　查询窗口遍历图像

(5) 对所取小窗口图像进行 FFT 处理(图 2-28)。

```
Mat planes1[] = { Mat_<float>(image1), Mat::zeros(image1.size(), CV_32F) };
Mat complexI1;
merge(planes1, 2, complexI1);
dft(complexI1, complexI1);

// 共轭实部相等，虚部相反
Mat planes2[] = { Mat_<float>(image2), Mat::zeros(image2.size(), CV_32F) };
Mat complexI2;
merge(planes2, 2, complexI2);
dft(complexI2, complexI2);

// planes3[0] : complexI1.Real, planes3[1] : complexI1.Imag
// planes4[0] : complexI2.Real, planes4[1] : complexI2.Imag
Mat planes3[2] = { Mat_<float>::zeros(image1.size()), Mat_<float>::zeros(image1.size()) };
Mat planes4[2] = { Mat_<float>::zeros(image2.size()), Mat_<float>::zeros(image2.size()) };

split(complexI1, planes3);
split(complexI2, planes4);

// planes5[0] : fft2(image1).*conj(fft2(image2))
Mat planes5[2] = { Mat_<float>::zeros(image1.size()), Mat_<float>::zeros(image1.size()) };
for (int i1 = 0; i1 < image1.rows; i1++)
{
    for (int j1 = 0; j1 < image1.cols; j1++)
    {
        planes5[0].at<float>(i1, j1) = planes3[0].at<float>(i1, j1) * planes4[0].at<float>(i1, j1) - planes3[1].at<float>(i1,
        planes5[1].at<float>(i1, j1) = planes3[0].at<float>(i1, j1) * (-planes4[1].at<float>(i1, j1)) + planes3[1].at<float>(i1,
```

图 2-28　对所取小窗口图像进行 FFT 处理

(6) 进行逆变换后确定最大值(图 2-29)。

```
Mat imgFFT1plus2;
merge(planes5, 2, imgFFT1plus2);

Mat IDFTres;
ifft2(imgFFT1plus2, IDFTres);

Mat planes6[2] = { Mat_<float>::zeros(image1.size()), Mat_<float>::zeros(image1.size()) };
split(IDFTres, planes6);

Mat IFFTres;
merge(planes6, 1, IFFTres);

fftshift(IFFTres);

// find max value
float maxValue = 0.0;
int maxX = 0, maxY = 0;
for (int m = 0; m < IFFTres.rows; m++)
{
    for (int n = 0; n < IFFTres.cols; n++)
    {
        if (IFFTres.at<float>(m, n) > maxValue)
        {
            maxValue = IFFTres.at<float>(m, n);
            maxX = m - stepSize;
            maxY = n - stepSize;
        }
    }
}
```

图 2-29　进行逆变换后确定最大值

(7)坐标转换如图 2-30 所示。

```
// convert
int temp = 0;
temp = -maxY;
maxY = maxX;
maxX = temp;
array3D[i][j].first = maxX;
array3D[i][j].second = maxY;
```

图 2-30　坐标转换

(8)根据所得数据进行绘制流场速度分布(图 2-31)。

```
Mat res = Mat::zeros(Size(ImgRow, ImgCol), CV_8UC3);


for (int i = 0; i < cycle4row; i++)
{
    for (int j = 0; j < cycle4col; j++)
    {
        cout << stepSize * i << "," << stepSize * j << "—>";
        cout << stepSize * i + array3D[i][j].first << "," << stepSize * j + array3D[i][j].second << endl;
        Point pt1 = Point(stepSize * j, stepSize * i);//(cycle4row - i)
        Point pt2 = Point(stepSize * j + array3D[i][j].first * 4, stepSize * i + array3D[i][j].second * 4);

        arrowedLine(res, pt1, pt2, Scalar(0, 125, 0), 1, 8, 0, 0.2);
    }
    cout << endl;
}

namedWindow("FFT result", WINDOW_FREERATIO);
imshow("FFT result", res);
```

图 2-31　绘制流场速度分布

四、测试数据结果

图 2-32、图 2-33 为连续两帧荧光显微图像的灰度处理图，利用荧光显微粒子分析系统的 PIV 功能进行 PIV 处理，结果如图 2-34、图 2-35 所示。由于系统拍摄的荧光显微图像尺寸为

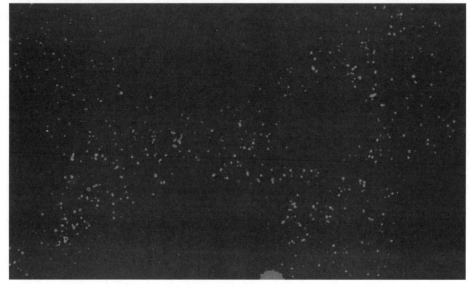

图 2-32　灰度处理图(0ms)

1024×600 像素,尺寸过大,且图像里荧光粒子数量不多。当查询窗口为 16 时,窗口内所包含的粒子信息太少,不便于研究流场中粒子运动的速度和方向,因此不考虑查询窗口为 16 的情形。当查询窗口为 32 时,PIV 结果如图 2-34 所示,大多数速度矢量位于上半部分,下半部分几乎不存在速度矢量,因此无法准确地描述粒子的运动方向;当查询窗口为 64 时,PIV 结果如图 2-35 所示,速度矢量准确地位于存在粒子流动的位置,还可以清楚地看到粒子的整体运动趋势。

图 2-33　灰度处理图(50ms)

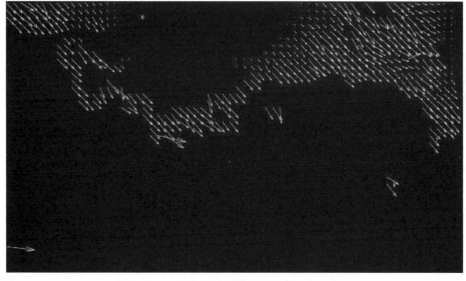

图 2-34　查询窗口为 32

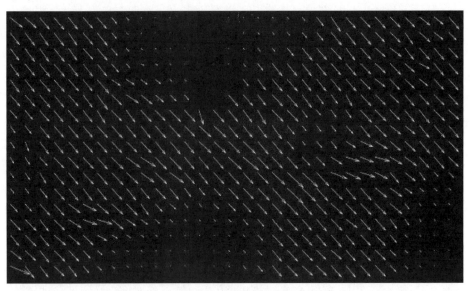

图 2-35 查询窗口为 64

至此,实现了荧光粒子图像的 PIV 分析处理,并得到预期结果。

第三节 浮油荧光检测

一、实习内容及要求

1. 实习内容

研究并设计一款油品识别可调谐装置,该装置采用可调谐紫外光源以激发油品荧光反应,通过以分光片为核心的收发同轴光路收集入射荧光,使用可调谐光纤光栅滤波器和高精度硅光电倍增管完成荧光信号的接收与转换,实现对不同油品的荧光光谱数据进行实时、准确地采集。

2. 实习要求

(1)装置激发光源的输出波长应该位于石油类污染物的吸收峰附近,且波长具备一定的可调谐范围,实现装置在发射端的可调谐。此外,激发光源还应具备较好的聚焦能力和稳定的输出功率,保证激发光能够聚集照射在待测油品的表面,从而获得较强的荧光,提高装置的采集灵敏度。

(2)装置能够实现对微弱荧光信号的接收和放大,同时能够将接收到的宽谱荧光信号过滤成单一波长荧光信号进行强度检测,实现装置在接收端的可调谐,通过检测不同波长的荧光信号强度得到待测油品的完整荧光光谱数据。

(3)装置能够实现与外部设备的数据双向通信,一方面可以将采集到的荧光光谱数据实时上传至外部设备进行处理和分析,另一方面可以接收外部设备发送的控制命令,实时调整装置的工作状态,从而提高装置的可操作性。

二、设计方案介绍

整个设计方案按照实现功能的差异可划分成 3 部分:光学模块的设计、硬件模块的设计和软件模块的设计。

装置整体设计方案如图 2-36 所示。

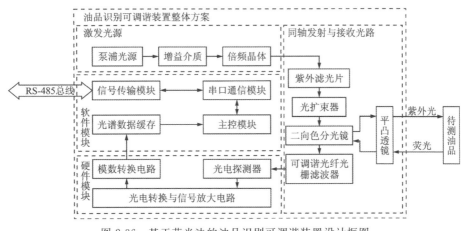

图 2-36 基于荧光法的油品识别可调谐装置设计框图

本装置的光学模块主要由激发光源和同轴发射与接收光路组成。激发光源主要包括泵浦光源、增益介质和倍频晶体,通过增益介质和倍频晶体的组合来实现输出紫外光的可调谐。同轴发射与接收光路主要包含紫外滤光片、光扩束器、二向色分光镜、平凸透镜和可调谐光纤光栅滤波器,激发光源出射的紫外光束通过紫外滤光片和光扩束器后照射在二向色分光镜上,分光镜将激发光束垂直反射出装置后照射在待测油品的表面,待测油品产生的荧光沿原光路射入装置,经过平凸透镜聚集后进入可调谐光纤光栅滤波器,最后将滤波器输出的单一波长荧光照射在光电探测器上,完成荧光信号的采集。

本装置的硬件模块主要由主控模块、光电转换与信号放大模块、模数转换模块、信号传输模块和电源模块组成。当光电探测器检测到荧光信号后,首先通过光电转换与信号放大模块将荧光信号转化成电压信号并进行放大,然后通过模数转换模块将模拟电压信号转换成数字信号,最后通过主控模块和信号传输模块将数字信号发送给外部设备进行处理,完成荧光光谱信号的采集。电源模块则为各个硬件功能模块提供稳定可靠的工作电压。

本装置的软件模块主要由主控逻辑模块、模数转换模块和 UART 串口通信模块组成。主控逻辑模块用于完成装置上电后各个功能模块的初始化配置,同时保证装置的各个功能有序执行,避免出现装置宕机和运行崩溃等问题。模数转换模块则用于完成装置对模数转换芯片的工作模式配置,完成模数转换期间数据的全程读取/写入。UART 串口通信模块用于实现装置与外部设备的数据通信,完成油品荧光光谱数据的上传与外部控制命令的接收。

（一）激光染料和倍频晶体设计

1）激光染料

激光染料是指在泵浦光源的激发下能够产生可调谐激光的一种增益介质。根据组成成分的差异，激光染料可分为菁类染料、嗪类染料、香豆素染料和闪烁材料，不同的激光染料具备不同的吸收谱和发射谱。石油类污染物中含有的荧光物质主要是多环烃类，这导致油品对紫外光的吸收能力较强，且吸收波段主要集中在200~400nm之间。因此，在综合对输出波长、光稳定性和激光转化效率等因素的考虑后，本实验最终采用吡咯甲叉（Pyrromethene，PM）系列中的PM597激光染料作为增益介质，以有机小分子甲醇改性的聚甲基丙烯酸甲酯（MPMMA）作为有机溶剂。采用输出波长为532nm的脉冲激光器作为泵浦光源，通过光谱仪测得掺杂浓度为 2×10^{-4} mol/L 的PM597激光染料荧光光谱如图2-37所示。

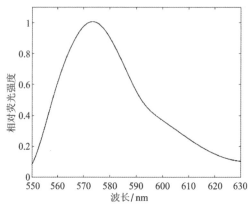

图2-37　PM597激光染料荧光光谱

从图2-37中可知，激光染料PM597的荧光光谱范围为550~630nm，峰值波长为574nm，荧光谱宽约30nm，理论上通过光学倍频后可以实现波长为225~315nm的连续可调谐紫外光输出，但是实际倍频过程中腔内存在能量损耗，导致激光器的实际可调谐输出波长范围会变窄。

2）倍频晶体

为了获得较高的倍频转换效率，需要选择合适的倍频晶体来实现光学倍频。在倍频晶体的选取过程中，应当充分遵循如下原则：①晶体对基频光和倍频光的透过率高，具备较宽的透光范围；②晶体能够满足角度相位匹配条件，存在基频光对应的相位匹配角；③晶体的光学均匀性好，抗损伤阈值高；④晶体具备较小的走离角、较大的非线性光学系数和倍频接受角以及较大的温度和光谱接受带宽；⑤晶体易于生长和加工，物化性能稳定，机械强度高且不易潮解。

目前市面上较为成熟的倍频晶体主要包括磷酸钛氧钾（KTP）、三硼酸锂（LBO）、硼酸锂铯（CLBO）和偏硼酸钡（BBO）。其中，KTP晶体和LBO晶体在增益介质的光谱范围内没有合适的相位匹配角，无法满足晶体的角度相位匹配条件；而CLBO晶体的非线性光学系数虽然高于BBO晶体，但是由于CLBO晶体非常容易潮解且很难在其表面镀膜，导致晶体对实验条件的要求极为严苛，不便于使用。因此，本实验最终选择BBO晶体作为倍频晶体。

BBO晶体是由中国科学院物质结构研究所首次发现和研制的新型紫外倍频晶体，具备透光范围宽、可实现相位匹配的波段范围宽、非线性系数大、损伤阈值高以及光学均匀性好等众多优点，因此被广泛用于各种非线性光学系统中。表2-2列出了BBO晶体的物理光学特性。

表 2-2 BBO 晶体的光学特性

名称	参数
晶体结构	三方晶系，空间群 $R3c$
晶格参数	$a=b=1.2532\text{nm}, c=1.2717\text{nm}, z=6$
透光范围	$189\sim3500\text{nm}$
倍频相位匹配波段	$189\sim1750\text{nm}$
非线性系数	$d_{11}=5.8\times d_{36}(\text{KDP}), d_{31}=0.05\times d_{11}, d_{22}<0.05\times d_{11}$
光电系数	$\gamma_{22}=2.7\text{pm/V}$
损伤阈值@532nm	0.3GW/cm^2 (10ns, 10HZ, AR-coated)

在确定了倍频晶体的选型后，还需要进一步确定倍频晶体的切割角度和晶体长度。

(1) 倍频晶体切割角。满足角度相位匹配条件能够大幅度提高晶体倍频的转换效率，因此需要将倍频晶体按照特定角度进行切割。本实验采用的BBO晶体是一种负单轴非线性晶体，其有效非线性系数可表示如下。

Ⅰ型相位匹配：$d_{eff} = d_{31}\sin\theta + (d_{11}\cos3\varphi - d_{22}\cos3\varphi)\cos\theta$

Ⅱ型相位匹配：$d_{eff} = (d_{11}\sin3\varphi + d_{22}\sin3\varphi)\cos2\theta$

式中：θ 为基频光入射角；φ 为基频光传播方向与 x 轴的夹角。

PM597的荧光光谱范围为550~630nm，即基频光的波段为550~630nm。由于此波段内BBO晶体的Ⅰ型相位匹配有效非线性系数要大于Ⅱ型相位匹配有效非线性系数，因此本实验采用BBO晶体的Ⅰ型相位匹配。

BBO晶体 Selleimer 方程可表示为：

$$n_o = 2.7359 + \frac{0.01878}{\lambda^2 - 0.01822} - 0.01354\lambda^2$$

$$n_e = 2.3753 + \frac{0.01224}{\lambda^2 - 0.01667} - 0.01516\lambda^2$$

式中：λ 为基频光波长；n_o 为寻常光（o 光）的折射率；n_e 为非寻常光（e 光）的折射率。

由于PM597的荧光光谱峰值波长为574nm，此时的基频光能量最强，因此本实验将波长为574nm的相位匹配角42.8°作为倍频晶体切割角能获得最大能量的紫外光输出，即本实验中倍频晶体的切割角度为42.8°。

(2) 倍频晶体长度。对于在非线性光学晶体中传播的光束，其波矢方向和能量传播方向是不相同的，导致晶体中基频光和倍频光的能流方向不一样，这种现象被称为走离效应。由于BBO晶体存在较大的走离角，在整个晶体长度中，走离效应会使得不同偏振方向的基频光和倍频光光束方向逐渐分离，从而降低倍频转换效率。

BBO 晶体中倍频光束走离角 $\rho(\theta)$ 与基频光矢和晶体光轴之间夹角 θ 的关系可表示为：

$$\rho(\theta) = \arctan\left[\left(\frac{n_o(w)}{n_e(w)}\right)^2 \tan\theta\right] - \theta$$

结合上式计算可得，基频光波长为 574nm 时，BBO 晶体中倍频光束的走离角 $\rho(\theta)$ 与基频光矢和晶体光轴之间夹角 θ 的非线性变化如图 2-38 所示。

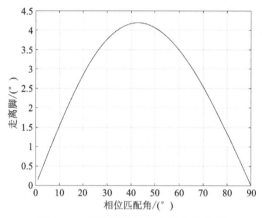

图 2-38　相位匹配角与走离角的关系

从图 2-38 中可知，随着基频光矢和晶体光轴之间夹角逐渐增大，倍频光束走离角呈现出先增大后减小的变化趋势。当 BBO 晶体的相位匹配角 $\theta_m = 42.8°$ 时，倍频光束对应的走离角 $\rho(\theta) = 4.21°$。

由于走离效应会使 BBO 晶体内的基频光和倍频光在传播方向上产生分离，不同位置激发产生的倍频光会在倍频晶体的出射后表面上相互错开，导致各个位置产生的倍频光不能完全相干加强，从而降低晶体的倍频转换效率。不同偏振态的基频光和倍频光传播方向如图 2-39 所示。

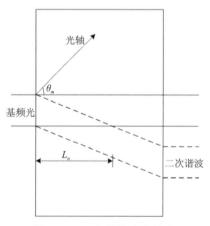

图 2-39　BBO 晶体走离效应

从图 2-39 中可知，基频光和倍频光在倍频晶体内的传播方向上存在一段有效重叠的水平距离 L_a，这段距离被称为倍频晶体的最大有效作用长度，可表示为：

$$L_a = \frac{\sqrt{\pi} \times w_o}{\rho}$$

式中：w_o 为基频光束的束腰半径；ρ 为倍频光束的走离角。

本实验中基频光束的束腰半径约 3mm，由式可得倍频晶体的最大有效作用长度为 72mm。当倍频晶体的实际长度 L 远小于晶体最大有效长度时，倍频晶体的走离效应对于倍频效率的影响可以忽略不计。又因为非线性光学晶体的倍频效率与晶体长度有关，在理想情况下，晶体的倍频效率与晶体长度成正比，当晶体长度足够长时，倍频效率能无限趋近于 100%。因此，综合考虑走离效应与晶体长度对倍频转换效率的影响，本节选用的 BBO 晶体厚度为 3mm。

（二）同轴发射与接收光学系统设计

为了降低独立光路结构在检测过程中带来的荧光能量损耗和简化光路结构，本书设计的油品识别可调谐装置采用同轴发射与接收光学系统，即激发光出射光路和荧光入射光路将复用同一条光路。

同轴发射与接收光学系统中的激发光源和光电探测器之间不能相互遮挡，激发光源的部分出射光路与荧光信号的部分入射光路是相互独立的，但是通过特有的光学元件可以实现两条光路其他部分的复用。本装置采用分光片作为光路的核心光学元件来实现光路同轴复用。

分光片（Dichroic Spectroscopic Filter，简称 DSF）是一块表面镀有特殊介质多层膜的光学玻璃，介质膜使滤光片对不同波段的光束呈现出不同的光学特性。当光束以 45°入射角照射到二向色滤光片上时，滤光片会将入射光束中某个波段的光以和入射光 90°垂直的方向反射，而将某个波段的光透过，其中被反射的波段称为分光片反射带，被透过的波段称为分光片传输带。考虑到可调谐紫外激光器输出波长范围，本书选择的分光片边缘波长为 310nm，能够有效地实现激发光与被激发荧光分离，从而实现装置的光路复用。表 2-3 列出了该分光片的核心参数。

表 2-3 分光片核心参数

名称	符号	数值	效率
反射带	B_R	255～295nm	$R_{avg} > 98\%$
边缘波长	λ_E	310nm	/
传输带	B_T	315～600nm	$T_{avg} > 90\%$
入射角	θ	45°±1.5°	/

由表 2-3 可知，该分光片对于波长在 255～295nm 之间的紫外光反射率高于 98%，对于波长在 315～600nm 之间的荧光透射率高于 90%，通阻曲线十分陡峭，具备优异的分光效果，能够满足油品识别可调谐装置同轴发射与接收光学系统的需求。

此外，油品在激发光源照射下产生的荧光是复色光，里面包含了多种波长的单色光。为了实现单波长荧光的强度测量，同轴发射与接收光学系统还需要将待测油品产生的宽谱荧光过滤成单波长荧光。棱镜和光栅作为常见的分光元件，使用时需要根据装置的实际需求来进行合理选择，其中棱镜的分光原理是利用不同波长的光在同一介质中折射率的不同来进行分光，光栅则是基于光栅衍射原理来实现分光。相比之下，光栅的分辨率更高、分光能力更强并且分离出来的光更容易标定。

可调谐光纤光栅滤波器的核心组件是光折射率呈周期性变化的光纤布拉格光栅(Fiber Bragg Grating，简称FBG)，该光栅是一种通过特定方法使光纤纤芯的折射率发生轴向周期性变化而形成的衍射光栅。当一束宽谱光束被传播到光纤布拉格光栅上时，光栅只会反射一种特定波长的光，这个波长被称为布拉格波长，而其他波长的光都会被传播。此外，当光纤布拉格光栅受到外界应力或温度变化影响时，光栅栅距会发生变化，布拉格波长也会随之改变。可调谐光纤光栅滤波器就是利用外部装置对光纤布拉格光栅进行压缩或拉伸来改变光栅栅距，从而达到调谐波长的目的。因此，本节选择可调谐光纤光栅滤波器对透过分光片的宽谱荧光进行滤波。表2-4列出了本装置可调谐光纤光栅滤波器的核心参数。

表2-4 可调谐光纤光栅滤波器核心参数

名称	参数
工作波长	300~600nm
FWHM带宽	0.5nm
插入损耗	1.5dB
回波损耗	>45dB
波长分辨率	0.02nm

根据选定的分光片和可调谐光纤光栅滤波器，本节设计了如图2-40所示的同轴发射与接收光学系统，图2-40中的激发光源为本节设计的可调谐紫外激光器，光电探测器为硅光电倍增管。同轴发射与接收光学系统的工作原理如下所述。

(1)分光片与可调谐紫外激光器出射光路成45°夹角。

(2)由于可调谐紫外激光器发射的紫外光束直径较小，首先需要紫外滤光片滤除紫外光束中掺杂的非紫外杂光部分，然后通过扩束镜来扩大紫外光束面积，最后以45°角入射到分光片上。

(3)由于紫外光波长位于分光片的反射带，紫外光将被分光片以45°角反射出装置，照射在待测油品表面。

(4)油品受紫外光激发产生的荧光沿原光路射入装置，由于入射荧光波段位于分光片的传输带，因此荧光会直接透过分光片，同时聚光透镜将入射荧光会聚到余弦校正器表接收面后进入可调谐光纤光栅滤波器。

(5)通过调节可调谐光纤光栅滤波器的光栅栅距，将检测到的宽谱荧光过滤成特定的单波长荧光，然后将过滤后的荧光通过光纤准直镜发射到光电探测器表面，最终完成油品荧光光谱的检测。

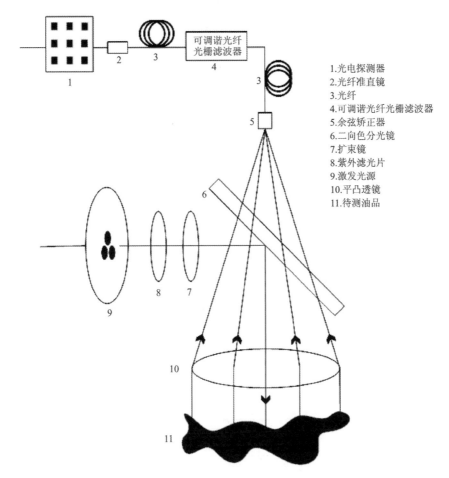

图 2-40 同轴发射与接收光学系统

1. 装置主控模块

主控模块是整个油品识别可调谐装置的核心组成部分,工作时必须满足如下需求。

(1)在装置的硬件功能层面,主控模块必须能够外接高速数据采集和传输模块,能够提供多个用于收发信号的通用型输入输出接口(GPIO),同时具备串行通信功能。

(2)在装置的软件功能层面,主控模块必须能够实现对数据的高速运算处理、不同进程任务的实时切换以及不同设备之间的数据高速准确传输。

综合上述两方面需求分析,本装置选择 STM32 微控制器作为装置主控模块。为了满足市场的各种需求,STM32 拥有众多系列的产品,这些产品按内核划分可分为 Cortex-M0、Cortex-M3、Cortex-M4 及 Cortex-M7 四种系列,不同内核系列的产品有着不同的性能和功耗。本装置主控模块采用的是一款基于 Cortex-M3 内核的 STM32 微控制器,具体型号为 STM32F103C8T6,这款微控制器具备高性能、低功耗和资源齐全等优点。表 2-5 列出了 STM32F103C8T6 控制器的具体参数。

表 2-5　STM32F103C8T6 的具体参数

型号名称	STM32F103C8T6
内核	Cortex-M3
Flash	64kΩ×8bit
SRAM	20kΩ×8bit
引脚数目	48 引脚
工作电压、温度	2～3.6V、−40～85℃
通信串口	2 * IIC, 2 * SPI, 3 * USART, 1 * CAN
系统时钟	内部 8MHz 时钟 HSI 最高可倍频到 64MHz，外部 8MHz 时钟 HSE 最高可倍频到 72MHz

STM32F103C8T6 芯片只需搭配简单的外围电路即可正常工作，本装置基于 STM32F103C8T6 芯片的主控模块电路如图 2-41 所示。

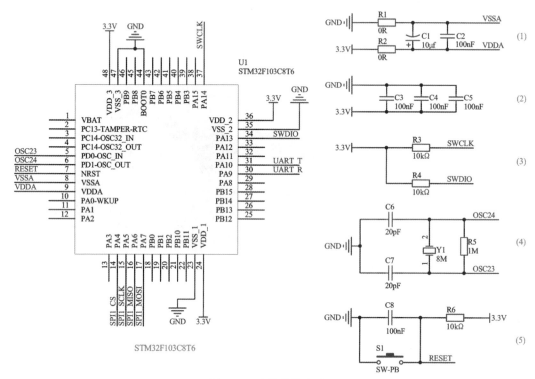

图 2-41　主控模块电路

图 2-41 中(1)部分所示电路为芯片电源隔离电路。用于将电源模块提供的 3.3V 电压分隔成数字电压和模拟电压，其中数字电压与芯片上的 $VDD\_x(x=1,2,3)$ 引脚连接，与 GND 之间组成芯片数字电源电路；模拟电压与芯片上的 VDDA 引脚连接，与 VSSA 之间组成芯片模拟电源电路。在电路中用零欧电阻将两种电源电路分隔开，并且用钽电容 C1 和陶瓷电容 C2 来滤除电源杂波。

图 2-41 中(2)部分所示电路为芯片数字电源滤波电路。将 3 个容值为 100nF 的陶瓷电容并联在芯片数字电源电路中,电路板布线时应该让电容尽可能地靠近芯片,这样能够有效滤除电源杂波和稳定电压。

图 2-41 中(3)部分所示电路为芯片调试与下载接口电路。其中,SWCLK 是串行时钟引脚,用于提供从主机到目标的时钟信号,SWDIO 是串行数据引脚,用于芯片调试时数据的读出和写入。此外,电路还利用上拉电阻 R3、R4 来防止 SWCLK 引脚和 SWDIO 引脚出现异常电平,进而导致芯片无法正常工作。

图 2-41 中(4)部分所示电路为芯片时钟电路。STM32F103C8T6 芯片包含两种时钟源:一种是通过内部 RC 振荡器得到时钟信号的内部时钟源;另一种是通过外部有源或无源晶振搭配相应电路构成振荡器产生时钟信号的外部时钟源。由于内部时钟源存在一定的精度误差,在 25℃ 的工作环境温度下,内部时钟源的误差范围大致为 $-1.1\%\sim+1.8\%$,随着工作环境温度的不断变化,内部时钟源的误差范围变化更大。

因此,本装置的主控模块采用外部时钟源来提供系统时钟信号。尽管 STM32F103C8T6 芯片支持使用一个 4~16MHz 的晶振来组成高速外部时钟,但是芯片的软件库函数默认使用频率为 8MHz 的外部无源晶振,因此本装置采用频率为 8MHz 的无源石英晶振,晶振的具体参数如表 2-6 所示。

表 2-6 无源晶振的具体参数

参数	数值
标称频率	8MHz
频率误差	$\pm 30\times 10^{-6}$
负载电容	20pF
寄生电容	<7pF
工作温度范围	$-20\sim+70$℃

在外部时钟源电路中,匹配电容与晶振负载电容满足如下关系:
$$C_L = C_{L1}\times C_{L2}/(C_{L1}+C_{L2})+C_0+\Delta C$$
式中:C_L 为晶振负载电容,默认容值为 20pF;C_{L1} 和 C_{L2} 为匹配电容,通常 C_{L1} 和 C_{L2} 具有相同容值;C_0 为晶振输入电容,默认容值为 5pF;ΔC 为 PCB 的寄生电容,典型值为 2~7pF,本电路中取值为 5pF。

综合以上参数,由式可得芯片时钟电路中匹配电容值为 $C_{L1}=C_{L2}=20$pF,即 $C_6=C_7=20$pF。

图 2-41 中(5)部分所示电路为芯片复位电路。电路中将电阻和电容串联,再将芯片的复位引脚 RESET 连接到电阻和电容之间,当 RESET 引脚被拉低时会产生复位脉冲,从而使系统完成复位。此电路有两种复位方式:一种是上电复位,在电路上电瞬间,电容 C8 充电,此时电容 C8 两端电压不变,RESET 引脚出现短暂的低电平,触发上电复位操作,完成系统复位;另一种是按键复位,随着电路上电后时间的变化,电容 C8 充满电,RESET 引脚状态变成高电平,当按键 S1 被按下瞬间,RESET 引脚与 GND 导通,引脚从高电平突变为低电平,产生一个复位脉冲,实现系统复位。

2. 光电转换与信号放大模块

由于油品产生的荧光强度较弱,本装置选择具有高增益、高灵敏度和低偏置电压等优点的硅光电倍增管(SiPM)作为光电探测器。硅光电倍增管是由成百上千个雪崩二极管单元并联而成的一个面阵列,每个雪崩二极管单元又由一个雪崩二极管和一个大阻值淬灭电阻串联而成。当硅光电倍增管被施加了反向偏置电压后,若有外界光子入射到雪崩二极管上,雪崩二极管会产生雪崩电流脉冲,硅光电倍增管的公共输出端叠加了所有的电流脉冲,因此硅光电倍增光输出电流的大小与发生雪崩效应的雪崩二极管数量成正比,即输出电流的大小与同一时刻被硅光电倍增管探测到的荧光强度成正比。表 2-7 列出了本装置采用的硅光电倍增管具体参数。

表 2-7 硅光电倍增管性能参数

参数	数值
光谱响应范围	250～950nm
峰值响应波长	420nm
击穿电压	25±0.2V
过电压	1～5V
内部增益	2.7×10^6
峰值波长探测效率	35%
暗计数率	$124kHz/mm^2$
串扰概率	3.0%

在确定了光电检测器的型号后,本装置的光电转换和信号放大模块电路如图 2-42 所示。

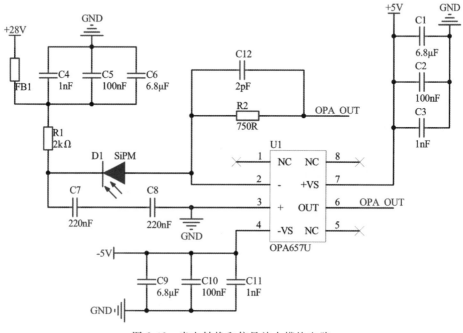

图 2-42 光电转换和信号放大模块电路

当外界光子入射到硅光电倍增管上后,倍增管内的雪崩二极管在反向电压的作用下会发生雪崩效应,输出电流信号;但是硅光电倍增管输出的电流信号强度非常微弱,而且电流的持续时间与光子寿命有关,因此必须将输出的电流信号通过跨阻放大电路转化为稳定的电压信号。图 2-42 中 D1 为硅光电倍增管,其击穿电压为 25V,过电压为 1~5V,本电路中过电压取值为 3V,将击穿电压与过电压相加即为本电路中硅光电倍增管的工作电压 28V。U1 为 OPA657U 运算放大器,与电阻 R2 和电容 C12 共同组成了负反馈放大电路,用于将硅光电倍增管输出的电流信号转化放大成电压信号。信号放大的幅值与电路中反馈电阻 R2 和反馈电容 C12 的取值有关,反馈电阻阻值越大,放大幅值越大,相同反馈电阻下,反馈电容容值越小,放大的幅值越大,反馈电阻与反馈电容需要合适匹配。此外,电路中的工作电源均并联了不同容值的去耦电容,有效降低了其他元件耦合到电源端的噪声,提供了更加稳定的工作电源。

由于光电转换与信号放大电路输出的电压信号是负电压,而后续的模数转换模块的模拟电压输入必须为正电压,因此需要将负电压转换成正电压。图 2-43 所示为正负电压转换电路,其原理是利用 AD823ARZ 运算放大器结合负反馈运算原理将负电压转换成正电压。

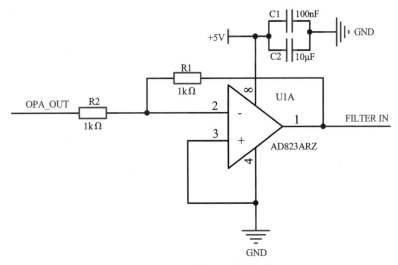

图 2-43　正负电压转换电路

3. 模数转换模块

油品识别可调谐装置接收到的油品荧光信号非常微弱,为了减少装置在模拟信号和数字信号转换过程中带来的测量精度损耗和数据误差,模数转换芯片必须具备较高的采样精度和采样速度。因此,本装置采用了 AD7682 模数转换芯片,这是一款 4 通道、16 位、电荷再分配逐次逼近寄存器型模数转换芯片,最高吞吐速率可达 250kSPS,采用单电源供电。AD7682 芯片内置多通道、低功耗数据采集系统所需的所有组成部分,主要包括 16 位无失码的逐次逼近寄存器型模数转换器、低串扰多路复用器、内部低漂移基准电压源和缓冲器、温度传感器、可选单极点滤波器以及通道序列器。AD7682 芯片引脚功能描述如表 2-8 所示。

表 2-8 AD7682 引脚功能描述

引脚编号	引脚名称	描述
1,20	VDD	电源
2	REF	外部基准电压输入/输出
3	REFIN	内部基准电压输入/输出
4,5	GND	电源地
6,8,17,19,21	NC	不连接
7	IN2	模拟输入通道 2
9	IN3	模拟输入通道 3
10	COM	共模通道输入
11	CNV	转换输入
12	DIN	数据输入
13	SCK	串行数据时钟输入
14	SDO	串行数据输出
15	VIO	输入/输出接口数字电源
16	IN0	模拟输入通道 0
18	IN1	模拟输入通道 1

从表 2-8 中可知，AD7682 芯片的基准电压输入包括外部基准电压源和内部基准电压源两种输入方式。因为 REF 的输出阻抗大于 5kΩ，本电路中选择将一个外部基准电压源直接连接到 REF 引脚，同时为了降低芯片功耗，内部基准电压源和缓冲器应当关闭。由于内部基准电压限制在 4.096V，电路采用 5V 外部基准电压源时信噪比(SNR)性能最佳，SNR 性能降低程度的计算公式如下：

$$\text{SNR}_{\text{LOSS}} = 20\log \frac{4.096}{5}$$

图 2-44 所示为装置的模数转换模块电路。电路中 AD7682 芯片的电源引脚 VDD 与外部基准电压输入引脚 REF 均采用 5V 供电，C1、C2 为去耦电容，用于滤除电源噪声，提供稳定的电源。由于 AD7682 芯片是通过串行通信接口(SPI)向配置寄存器中写入数据并接收模数转换结果，而 SPI 接口需要连接单独的电源 VIO，因此电路将 VIO 引脚的标称电源设置为主机逻辑电平 3.3V。

当装置检测到荧光信号时，从光电转换和信号放大模块输出的电压信号会通过模拟信号输入通道 0 进入模数转换模块，此时模拟电压的输入范围为 0～5V，在模数转换芯片 AD7682 完成模数信号转换后，数字信号将通过串行接口 SPI 输出到主控模块进行后续的数据处理。

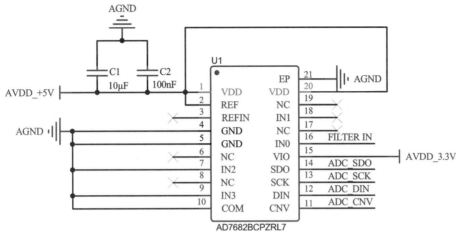

图 2-44 模数转换模块电路

4. 信号传输模块

当装置采集到油品荧光光谱数据后,需要将数据快速准确地发送给上位机进行保存,同时装置也需要接收上位机发送的各种控制指令来调整装置的工作状态。因此,装置必须通过信号传输模块实现不同设备之间信息的双向传递。由于装置主控芯片内部传输数据采用的晶体管-晶体管逻辑电平(TTL),与上位机终端使用的 RS-485 总线标准不一致,因此信号传输模块必须完成 TTL 信号与 RS-485 差分信号的相互转换,才能实现装置与上位机之间的数据通信。

为了完成 TTL 信号与 RS-485 差分信号的相互转换,装置采用了 MAX13487E 芯片。这是一款半双工、双向数据通信的 RS-485 收发器芯片,它包含一路驱动器和一路接受器,并且具备热插拔功能,避免了芯片上电或热插入时总线上出现故障瞬态信号。此外,这款芯片还具备自动导向(AutoDirection)控制功能,在信号传输过程中可自动使能驱动器,使得控制驱动器输入和驱动器使能信号之间相互配合,共同驱动差分总线,实现了 RS-485 端口与 TTL 电平信号传输电路的隔离。MAX13487E 芯片的引脚功能描述如表 2-9 所示。

表 2-9 MAX13487E 引脚功能描述

引脚	名称	功能
1	RO	接收器输出,接收器使能时, 若 $V(A)-V(B)>+200mV$,RO 输出高电平; 若 $V(A)-V(B)<-200mV$,RO 输出低电平
2	$\overline{RE}$	接收器输出使能,$\overline{RE}$ 接低电平时 RO 输出有效 $\overline{RE}$ 接高电平时,自动导向电路控制接收器状态
3	$\overline{SHDN}$	关断控制,$\overline{SHDN}$ 置为高电平时,芯片进入工作模式; $\overline{SHDN}$ 置为低电平时,芯片进入关断模式

续表 2-9

引脚	名称	功能
4	DI	驱动器输入,DI 为低电平时强制同相输出为低电平,反向输出为高电平;DI 为高电平时强制同相输出为高电平,反向输出为低电平。DI 是内部状态机制的一个输入,可自动使能或禁止驱动器
5	GND	接地引脚
6	A	接收器同相输入和驱动器同相输出
7	B	接收器反相输入和驱动器反相输出
8	VCC	工作电源,VCC=±5V

信号传输模块具有两个信号传输方向:一个是信号从上位机下行传输到装置的下行方向,其传输过程大致为当上位机发送的信号通过 RS-485 总线传输至 MAX13487E 芯片的同相输入引脚 A 和反相输入引脚 B 后,RS-485 差分信号将被信号传输模块转化成相应的 TTL 信号,再通过 MAX13487E 芯片的接收器输出引脚 RO 将 TTL 电平信号传输至主控模块;另一个是信号从装置上传至上位机的上行方向,其传输过程大致为装置将采集到荧光信号转化成 TTL 信号后,通过主控模块将 TTL 信号发送至 MAX13487E 芯片的驱动器输入引脚 DI,信号传输模块将接收到的 TTL 信号转化成 RS-485 差分信号,最后 MAX13487E 芯片的同相输出引脚 A 和反相输出引脚 B 将转换的差分信号通过 RS-485 总线上传至上位机进行处理。表 2-10、表 2-11 分别列出了 MAX13487E 芯片上行传输和下行接收时的输入输出关系。

表 2-10　MAX13487E 上行传输 I/O 表

输入				输出	
$\overline{SHDN}$	DI	A−B>V_{DT}	动作	A	B
1	0	/	打开芯片驱动器	0	1
1	1	错误	如果驱动器处于关闭状态,保持关闭	高阻态	高阻态
1	1	错误	如果驱动器处于开启状态,保持打开	1	0
1	1	正确	关闭芯片驱动器	高阻态	高阻态
0	/	/	/	关断	

表 2-11　MAX13487E 下行传输 I/O 表

输入					输出
$\overline{SHDN}$	$\overline{RE}$	A−B	驱动器状态	接收器状态	RO
1	0	≥+200mV	/	开启	1
1	0	≤−200mV	/	开启	0
1	1	/	开启	关闭	高阻态
1	1	≥+200mV	关闭	开启	1
1	1	≤−200mV	关闭	开启	0
0	/	/	/	/	关断

装置的信号传输模块电路如图 2-45 所示。

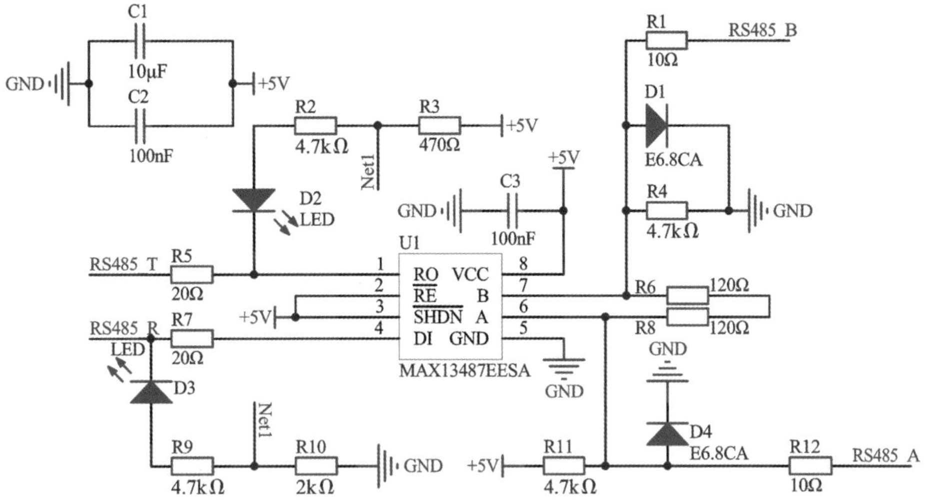

图 2-45 信号传输模块电路

电路中 MAX13487E 芯片的 $\overline{\text{RE}}$ 与 $\overline{\text{SHDN}}$ 引脚均连接＋5V 电源,引脚状态保持高电平,此时芯片将进入工作模式并使芯片具自动导向功能,模块电路将自动控制接收器状态的切换。当模块处于上行传输状态时,芯片驱动器自动开启,接收器自动关闭,装置主控模块将数据通过 UART 串口发送至 DI 引脚。由表 2-10 可知,若 DI 引脚为高电平,引脚 A 输出高电平,引脚 B 输出低电平;若 DI 引脚为低电平,引脚 A 输出低电平,引脚 B 输出高电平。当模块处于下行接收状态时,芯片驱动器自动关闭,接收器自动开启,上位机发送的数据将通过引脚 A 和引脚 B 发送至信息传输模块,再将数据通过 RO 引脚发送至装置主控模块。由表 2-10 可知,当 A－B⩾＋200mV 时,RO 引脚输出高电平;当 A－B⩽－200mV 时,RO 引脚输出低电平。电阻 R11、R4 分别为 A、B 总线的上拉电阻和下拉电阻,当总线由低电平跳变至高电平后,通过这两个电阻保证总线处于逻辑高电平状态(A－B＞200mV)。电容 C1、C2 为滤波电容,用于滤除电源中的噪声信号。

5. 电源模块

油品识别可调谐装置的电源模块可分为降压模块和升压模块两部分,其中降压模块包括 12V 转 5V 模块、5V 转 3.3V 模块和 5V 转－5V 模块,升压模块为 5V 转 28V 模块。各个模块的具体信息如下。

1)12V 转 5V 降压模块

K7805-2000 模块是一款宽电压输入、非隔离稳压单路输出的 DC-DC 电源模块,可提供低纹波、低噪声的 5V 电源输出,最大输出电流可达 2A,同时模块还具备短路保护和过热保护功能,有效保证了模块的工作稳定性。图 2-46 所示为 12V 转 5V 降压模块电路,电容 C1、C2 为滤波电容,用于减少输入输出电压的纹波和噪声。

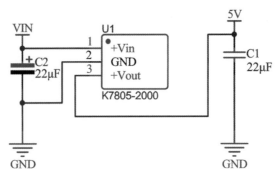

图 2-46 12V 转 5V 降压模块电路

2)5V 转 3.3V 降压模块

ME6217C33M5G 芯片是一款基于 CMOS 技术开发的正电压调节芯片,可提供稳定的 3.3V 电压输出,最大输出电流为 800mA,具有低压降、高输出电压精度和低电流消耗等特点,同时模块内置的过流保护器有效保护了芯片。图 2-47 所示为 5V 转 3.3V 降压模块电路,电容 C1、C2 为滤波电容,用于滤除输入输出电压的纹波和噪声。

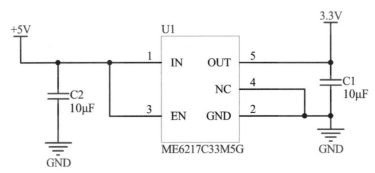

图 2-47 5V 转 3.3V 降压模块电路

3)5V 转 28V 升压模块

TPS61175 芯片是一款具有集成式 3A、40V 电源开关的单片开关稳压芯片,该芯片具有宽输入电压范围和高电压转换效率等优点,同时还具有一系列内置保护特性,如逐脉冲过流限制和热关断功能。表 2-12 列出了 TPS61175 芯片的引脚分布和功能描述。

表 2-12 TPS61175 引脚分布和功能描述

引脚名称	引脚编号	I/O 方向	功能描述
AGND	7	输入	接地引脚
COMP	8	输出	内部跨导误差放大器的输出,需外接 RC 网络来补偿调节器
EN	4	输入	使能引脚,当引脚为高电平时,芯片进入工作模式,当引脚为低电平时,芯片进入关断模式
FB	9	输入	正电压调节的反馈引脚,通过一个外部电阻分压网络,FB 引脚检测输出电压并对其进行调节,反馈电压阈值为 1.229V

续表 2-12

引脚名称	引脚编号	I/O 方向	功能描述
FREQ	10	输出	开关频率引脚,通过连接一个外部电阻来设置开关频率
NC	11	输入	保留引脚,使用时接地
PGND	12,13,14	输入	电源地
SS	5	输出	软启动编程引脚
SW	1,2	输入	电源开关输出引脚
SYNC	6	输入	开关频率同步引脚,用于设置芯片开关频率,引脚不使用应接地,避免噪声耦合
VIN	3	输入	输入电源引脚

图 2-48 所示为 5V 转 28V 升压模块电路,模块采用 5V 电源供电,TPS61175 芯片的电源引脚 VIN 和使能引脚 EN 均连接 5V 电源,此时 EN 引脚状态为高电平,能使芯片进入工作状态,电源开关输出引脚 SW_1 和 SW_2 将输出方波信号。当 SW_1 引脚和 SW_2 引脚输出低电平信号时,电感 L1 开始充能,二极管 D1 处于截止状态,电容 C2 与电阻 R1、R4 构成一个放电回路,降低输出电压;当 SW_1 引脚和 SW_2 引脚输出高电平信号时,电感 L1 将储存的能量传输给输出电容,二极管 D1 处于导通状态,使输出电压升高。电阻 R1、R4 与芯片 FB 引脚构成了负反馈电压放大电路,通过调节电阻 R1、R4 的阻值来控制输出电压的大小。

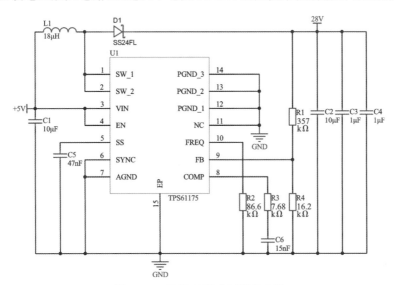

图 2-48　5V 转 28V 升压模块电路

此时输出电压 V_{out} 与电阻 R1、R4 满足如下关系:

$$V_{out} = 1.229 * \left(1 + \frac{R1}{R4}\right)$$

当 $V_{out}=28V$ 时,由上式可知 $R1/R4=21.78$。结合电路的常见阻值,电阻 R1、R4 的阻值分别选用 357kΩ 和 16.2kΩ。

4) 5V 转 −5V 降压模块

LTC1983-5 芯片是一款稳压反向电荷泵直流电压转换芯片,用于产生负电压输出,其输入电压范围为 2.3~5.5V,输出电压为 −5V,最大输出电流为 100mA,芯片内置的过温保护和短路保护功能有效延长了芯片的使用寿命。图 2-49 所示为 5V 转 −5V 降压模块电路,电容 C1、C2、C3 用于滤除输入输出电压的纹波和噪声。

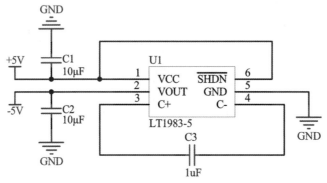

图 2-49　5V 转 −5V 降压模块

6. 主控逻辑模块

主控逻辑模块作为油品识别可调谐装置软件程序的主函数,主要用于完成装置上电后各个功能模块的系统初始化,同时将装置需要实现的功能划分成不同类型和优先级的任务。图 2-50 所示为本装置主控逻辑程序流程图。

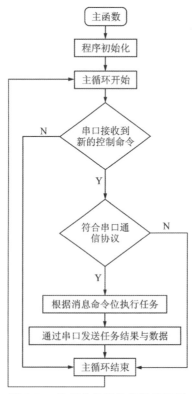

图 2-50　装置主控模块程序流程图

(1) 初始化阶段主要配置并使之能装置各个功能模块,主要包括函数中断优先级分组配置、串口函数初始化、波特率配置、模数转换芯片采样引脚参数初始化和串行数据传输引脚参数初始化。

(2) 程序初始化完成后,函数进入主循环,UART 串口会时刻检查装置的串口数据缓存数组是否接收到上位机发送的控制命令。当装置接收到新的控制命令后,首先会检查控制命令的数据格式是否符合装置规定的串口通信协议,若命令的数据格式符合串口通信协议,则会根据获取到的消息命令开始执行相应的任务,并通过 UART 串口向上位机发送任务的执行结果和数据;若命令的数据格式不符合串口通信协议,则不会执行任何操作,直至主循环结束再重新检查串口数据缓存数组是否接收到新命令。

表 2-13 列出了装置主控逻辑模块中的重点函数及其功能。

表 2-13　主控逻辑模块重点函数及其功能描述

函数类型	函数名称	函数功能
void	NVIC_PriorityGroupConfig(uint32_t NVIC_PriorityGroup)	中断优先级分组配置函数
void	UART_Init(u32 bound)	串口初始化函数
void	AD7682_Init(void)	模数转换模块初始化函数
void	Delay_Init(void)	延时初始化函数
void	TIMx_Int_Init(u16 arr,u16 psc)	通用定时器初始化函数
void	UARTx_Send_Array(unsigned char send_array[],unsigned char num)	UART 串口数据发送函数
void	Uart_Receive(void)	UART 串口数据接收函数

7. 模数转换模块

在 AD7682 模数转换芯片工作之前,AD7682 芯片需要通过一个 14 位配置寄存器(CFG[13:0])来配置芯片的转换通道、单极点滤波器带宽、基准电压源和通道序列器。CFG 寄存器通过 14 个 SCK 上升沿锁存于 DIN 上(MSB 优先),可以在信号的转换期间、采集期间或采集/转换全程写入寄存器,寄存器更新则发生在转换结束时。表 2-14 详细描述了配置寄存器各位的功能。

表 2-14　AD7682 芯片配置寄存器描述

位	名称	描述(X=任意)
[13]	CFG	配置更新。0:保持当前的配置设置;1:覆盖寄存器的内容
[12:10]	INCC	输入通道配置。00X:双极性差分对;010:双极性;011:温度传感器;10X:单极性差分对;110:单极性,INx 以 COM=GND±0.1V 为参考;111:单极性,INx 以 GND 为参考
[9:7]	INx	以二进制方式选择输入通道。 X00:IN0;X01:IN1;X10:IN2;X11:IN3
[6]	BW	选择低通滤波器的带宽。 0:1/4 带宽,使用附加串联电阻可进一步限制噪声带宽;1:全带宽

续表 2-14

位	名称	描述(X=任意)
[5:3]	REF	基准电压源/缓冲器选择,选择内部、外部或外部缓冲基准电压,并使能片内温度传感器
[2:1]	SEQ	通道序列器,允许以 IN0 到 IN[7:0]的方式扫描通道
[0]	RB	回读 CFG 寄存器。 0:数据结束时回读当前配置;1:不回读配置内容

根据所设计的模数转换模块硬件电路和装置的实际需求,此处向 AD7682 芯片配置寄存器写入的值为 CFG[13:0]=0XF1E4。由表可知此时芯片的具体设置内容为:覆盖寄存器内容、单极性输入通道(以 GND 为参考)、模拟信号输入通道选择通道 0、全带宽输入、外部基准电压源 REF=5V、禁用内部缓冲器和温度传感器、禁用通道序列器和不回读 CFG 寄存器内容。

在确定了 CFG 寄存器的配置内容后,装置还需要选择 AD7682 芯片的数据读取/写入工作模式。由于本装置采用 STM32F103C8T6 芯片软件 SPI 协议驱动 AD7682 芯片,因此芯片需要选择无繁忙指示器的转换全程读取/写入的工作模式。对于此模式,装置的主控模块必须根据转换时间进行数据传输,其驱动过程为:CNV 引脚上升沿启动转换,强制 SDO 引脚进入高阻态,并忽略 DIN 引脚上存在的数据。启动数据转换后,无论 CNV 引脚为何状态,转换都会执行到完成为止。CNV 引脚在安全的数据传输时间 tDATA 之间必须返回高电平,然后保持高电平到转换时间 tCONV 之后,以免产生繁忙信号指示。转换完成后,AD7682 芯片进入采集阶段和关断状态。当装置主控模块在转换时间 tCONV(最大值)之后使 CNV 引脚变成低电平时,最高有效位(MSB)出现在 SDO 引脚上。主控模块此时还必须发送 CFG 寄存器的 MSB,以便开始更新 CFG 寄存器。在 CNV 引脚为低电平期间,CFG 寄存器更新和数据回读均会发生。前 14 个 SCK 上升沿用于更新 CFG 寄存器的内容,前 15 个 SCK 下降沿从 MSB-1 开始逐位输出转换结果。配置和读取的限制是二者必须发生在下一次转换的数据传输时间 tDATA 逝去之前。必须写入所有 14 位 CFG[13:0],否则就会忽略该转换结果。此外,如果没有在数据传输时间 tDATA 逝去之前回读 16 位转换结果,转换结果就会丢失。根据 AD7682 芯片在无繁忙指示器的转换全程读取/写入模式下的工作原理,装置的模数转换模块部分驱动代码如下:

```
uint16_t SPI_AD7682_ReadWrite(uint8_t AD7682_INx)
{ int16_t AD7682_Config =  0xF1E4; //配置寄存器 CFG[13:0]的值
  int16_t AD7682_Data =  0; //模数转换结果
  AD7682_CS_H; //拉高 CNV 引脚
  delay_us(6);
  AD7682_CS_L; //拉低 CNV 引脚
  delay_us(6);
  AD7682_CS_H; //拉高 CNV 引脚
  delay_us(6);
  AD7682_CS_L; //拉低 CNV 引脚
  delay_us(1);
```

```
for(uint8_t i= 0;i< 16;i+ + ){
if(AD7682_Config&0x8000){
  AD7682_MOSI_H; //DIN 引脚输入高电平
}else{
  AD7682_MOSI_L; //DIN 引脚输入低电平
}
delay_us(1);
AD7682_SCK_L; //拉低 SCK 引脚
delay_us(1);
AD7682_Config < < = 1;
AD7682_SCK_H; //拉高 SCK 引脚
delay_us(1);
AD7682_Data < < = 1;
if(AD7682_MISO){
AD7682_Data |= 1; //读取 MISO 寄存器的值
}}
delay_us(1);
AD7682_SCK_L; //拉低 SCK 引脚
delay_us(1);
AD7682_CS_H; //拉高 CNV 引脚
return AD7682_Data; //输出转换结果
}
```

8. UART 串口通信模块

由于油品识别可调谐装置的信号传输模块无法对外提供时钟信号输出，因此只能使用异步通信（UART）串行接口来实现装置主控模块与上位机之间的数据交互。根据通信使用电平标准的不同，UART 串口通信可分为 TTL 标准及 RS-232 标准，本装置使用的 UART 串口通信采用 TTL 标准。油品识别可调谐装置在硬件层面实现了 TTL 逻辑信号与 RS-485 差分信号的相互转换，因此装置在软件层面只需要实现 UART 串口引脚配置和数据通信协议的设计。

本装置采用的 STM32F103C8T6 系统控制器内部集成了 3 个通用同步异步收发器（USART），可以灵活地与外部设备进行全双工数据交换。其中 USART1 的时钟来源于 APB2 总线时钟，其最大频率为 72MHz，USART2 和 USART3 的时钟来源于 APB1 总线时钟，其最大频率为 36MHz。表 2-15 列出了 STM32F103C8T6 芯片的 USART 引脚具体分布。

表 2-15　ST2M32F103C8T6 芯片的 USART 引脚分布

引脚	APB2 总线	APB1 总线	
	USART1	USART2	USART3
TX	PA9	PA2	PB10
RX	PA10	PA3	PB11
SCLK	PA8	PA4	PB12
nCTS	PA11	PA0	PB13
nRTS	PA12	PA1	PB14

由于APB2总线的时钟频率更快,总线支持高速工作模式,因此本装置选用USART1作为UART串口通信设备。UART只是异步传输功能,没有SCLK、nXTS和nRTS功能引脚,因此装置仅需要对USART1的发送数据输出引脚TX和接收数据输入引脚RX进行配置。表2-16列出了UART串口模块对输出引脚TX和输入引脚RX的引脚配置信息。

表2-16　UART串口模块的引脚配置信息

名称	TX(PA9)	RX(PA10)
I/O模式(GPIO_Mode)	复用推挽输出(GPIO_Mode_AF_PP)	浮空输入(GPIO_Mode_IN_FLOATING)
I/O速度(GPIO_Speed)	50MHz刷新率(GPIO_Speed_50MHz)	/

串行通信一般是以帧格式传输数据,即数据是一帧一帧地传输。为了规范装置与外部设备数据通信格式,提高数据通信的准确性,本节制订了一个统一的数据通信协议。该通信协议帧格式如表2-17所示,由主机地址、从机地址、命令位、数据长度、数据位和CRC校验位6部分组成。

表2-17　通信协议帧格式

主机地址	从机地址	命令位	数据长度	数据位	CRC校验位
1 Byte	1 Byte	1 Byte	1 Byte	〈数据〉Byte	2 Byte

下面是通信协议帧格式组成部分的说明。

(1)主机地址和从机地址:用来标记不同的设备。主机地址和从机地址各使用一个字节,本节设计的油品识别可调谐装置最小地址为0x01,最大地址为0xFF,上位机地址固定为0x00。

(2)命令位:上位机控制油品识别可调谐装置执行多种任务,用命令位将任务分类,装置根据命令位来区分控制命令并执行相应的任务,有利于上位机对装置实现针对性控制。命令位使用一个字节,表2-18列出了油品识别可调谐装置使用的命令位数据。

表2-18　通信协议帧命令位数据及功能描述

命令位数据	功能描述
0x00	上位机要求油品识别可调谐装置发送当前环境的背景荧光值
0x01	上位机向油品识别可调谐装置发送待配置的参数
0x02	上位机要求油品识别可调谐装置采集并发送待测油品的荧光值
0x03	上位机要求油品识别可调谐装置停止采集并发送待测油品的荧光值

(3)数据长度:用于校验通信协议帧内容在传输过程中是否出现数据丢失,数据长度使用一个字节,如果没有数据需要传输,则命令位取值为0x00。

(4)数据位:从机接收到的所有数据消息。

(5)CRC校验位:用于验证通信协议帧内容的准确性,CRC校验位使用两个字节,如果校验结果不一致，则忽略此次接收到的数据，并向主机发送错误反馈。

三、调试过程与记录

主代码如下：

```
# define FLASH_SAVE_ADDR   0X08010000

volatile uint16_t AD_Data = 0;
volatile uint16_t First_receive = 0;
volatile uint16_t MinTHR_Data = 0;
volatile uint16_t flag_openack = 1;
volatile uint16_t flag_Bak_signal = 1;
volatile uint16_t FlashData_FIFO[3] = {0};
void uart_receive(void);
void UART1_Send_Array(unsigned char send_array[],unsigned char num);
void UART1_Send_16bit_Array(uint16_t send_array[],unsigned char num);
void UART1_Send_data(ad_t reco,unsigned char num);
void CRC_Check(uint8_t * ptr,uint8_t len);
void Set_THR(uint16_t*  ptr);
void Get_Average_THR(void);
extern uint8_t USART1RecBuf[USART1RecBufMaxSize];
extern volatile ad_t record;
extern volatile uint16_t MinTHR;
extern volatile uint16_t MaxTHR;
extern volatile uint16_t Set_Signal_ratio;
extern volatile uint16_t big_Bak_signal;
extern volatile uint16_t Signal_Data_FIFO[3];
uint8_t buf_return[2] = {0};
int flag = 0;

int main(void)
{
    NVIC_PriorityGroupConfig(NVIC_PriorityGroup_2);
    uart_init(9600);
    Relay_Init();
    delay_init();
    AD7682_init();
    EXTIX_Init();
    butter_init();
    RTC_Init();
    TIM2_PWM2_Init(400- 1,36000- 1);
    TIM_SetCompare2(TIM2,200);
    TIM4_Int_Init(19999,71);
    PBout(12)= 0;
    TIM_Cmd(TIM4,DISABLE);
```

```c
    STMFLASH_Read(FLASH_SAVE_ADDR,(uint16_t* )FlashData_FIFO,3);    Set_THR((uint16_t
* )FlashData_FIFO);
    TIM_Cmd(TIM4,ENABLE);

while(1)
    {
        uart_receive();
        TIM_Cmd(TIM4,DISABLE);
        AD_Data = deal_records(record);
        TIM_Cmd(TIM4,ENABLE);
        if(AD_Data = = 1){
            PBout(12) = 1;
        }else{
            PBout(12) = 0;
        }
        delay_ms(500);
    }
}

void uart_receive(void)
{
    if(USART1RecBuf[0]= = 0X63&&USART1RecBuf[1]= = 0X00&&USART1RecBuf[2]= = 0X01){

        uint8_t i,j;
        for(i= 0,j= 0;i< 3;i+ + ,j+ = 2)
        {
            uint16_t temp = 0;
            temp = temp | (USART1RecBuf[j+ 5]< < 8);
            temp = temp | USART1RecBuf[j+ 6];
            FlashData_FIFO[i] = temp;
        }
        TIM_Cmd(TIM4,DISABLE);
        STMFLASH_Write(FLASH_SAVE_ADDR,(uint16_t* )FlashData_FIFO,3);
        Set_THR((uint16_t* )FlashData_FIFO);
        CRC_Check(USART1RecBuf,5);
        UART1_Send_Array(buf_return,2);
    TIM_Cmd(TIM4,ENABLE);
        USART1RecBuf[2]= 0XFF;
    }
    else if (USART1RecBuf[0]= = 0X63&&USART1RecBuf[1]= = 0X00&&USART1RecBuf[2]= =
0X00){
        TIM_Cmd(TIM4,DISABLE);
        Get_Average_THR();
        TIM_Cmd(TIM4,ENABLE);
        USART1RecBuf[2]= 0XFF;
    }
```

```
    else if(USART1RecBuf[0]= = 0X63&&USART1RecBuf[1]= = 0X00&&USART1RecBuf[2]= =
0X38){
        TIM_Cmd(TIM4,DISABLE);
        UART1_Send_data(record,30);
        TIM_Cmd(TIM4,ENABLE);
        USART1RecBuf[2]= 0XFF;
    }
    else if(USART1RecBuf[0]= = 0X63&&USART1RecBuf[1]= = 0X00&&USART1RecBuf[2]= =
0X39){
        TIM_Cmd(TIM4,DISABLE);
        USART_SendData(USART1,USART1RecBuf[1]);
        while(USART_GetFlagStatus(USART1,USART_FLAG_TC)! = SET){}
        UART1_Send_16bit_Array((uint16_t* )Signal_Data_FIFO,1);
        TIM_Cmd(TIM4,ENABLE);
        USART1RecBuf[2]= 0XFF;
    }
        else if(USART1RecBuf[0]= = 0X63&&USART1RecBuf[1]= = 0X00&&USART1RecBuf[2]= =
0X02){
        TIM_Cmd(TIM4,DISABLE);
        UART1_Send_16bit_Array((uint16_t* )FlashData_FIFO,3);
        TIM_Cmd(TIM4,ENABLE);
        USART1RecBuf[2]= 0XFF;
    }
    else if(USART1RecBuf[0]= = 0X63&&USART1RecBuf[1]= = 0X00&&USART1RecBuf[2]= =
0X03){
        uint16_t temp = 0;
        TIM_Cmd(TIM4,DISABLE);
        temp |= (USART1RecBuf[5]< < 8);
        temp |= USART1RecBuf[6];
RTC_Set(temp,USART1RecBuf[7],USART1RecBuf[8],USART1RecBuf[9],USART1RecBuf[10],
USART1RecBuf[11]);
        TIM_Cmd(TIM4,ENABLE);
        USART1RecBuf[2]= 0XFF;
    }
        else
if(USART1RecBuf[0]= = 0X63&&USART1RecBuf[1]= = 0X00&&USART1RecBuf[2]= = 0X04){
        if(flag! = calendar.sec){
            flag = calendar.sec;
            TIM_Cmd(TIM4,DISABLE);
            RTC_Get();
            USART_SendData(USART1,calendar.w_year> > 8);
            while(USART_GetFlagStatus(USART1,USART_FLAG_TC)! = SET);
            USART_SendData(USART1,calendar.w_year);
            while(USART_GetFlagStatus(USART1,USART_FLAG_TC)! = SET);
            USART_SendData(USART1,calendar.w_month);
            while(USART_GetFlagStatus(USART1,USART_FLAG_TC)! = SET);
```

```c
            USART_SendData(USART1,calendar.w_date);
            while(USART_GetFlagStatus(USART1,USART_FLAG_TC)! = SET);
            USART_SendData(USART1,calendar.hour);
            while(USART_GetFlagStatus(USART1,USART_FLAG_TC)! = SET);
            USART_SendData(USART1,calendar.min);
            while(USART_GetFlagStatus(USART1,USART_FLAG_TC)! = SET);
            USART_SendData(USART1,calendar.sec);
            while(USART_GetFlagStatus(USART1,USART_FLAG_TC)! = SET);
            TIM_Cmd(TIM4,ENABLE);
            USART1RecBuf[2]= 0XFF;
        }
    }
}

void UART1_Send_data(ad_t reco,unsigned char num) {
    unsigned char i= 0;
    while(i< num)
    {
        USART_SendData(USART1,reco- > data);
        while(USART_GetFlagStatus(USART1,USART_FLAG_TC)! = SET){}
        USART_SendData(USART1,(reco- > data)> > 8);
        while(USART_GetFlagStatus(USART1,USART_FLAG_TC)! = SET){}
        reco = reco- > next;
    i+ + ;
    }
}

void UART1_Send_Array(unsigned char send_array[],unsigned char num) {
        unsigned char i= 0;
        while(i< num)
        {
            USART_SendData(USART1,send_array[i]);
            while(USART_GetFlagStatus(USART1,USART_FLAG_TC)! = SET){}
            i+ + ;
        }
}

void UART1_Send_16bit_Array(uint16_t send_array[],unsigned char num) {
        unsigned char i= 0;
        while(i< num)
        {
            USART_SendData(USART1,send_array[i]);
            while(USART_GetFlagStatus(USART1,USART_FLAG_TC)! = SET){}
                USART_SendData(USART1,send_array[i]> > 8);
            while(USART_GetFlagStatus(USART1,USART_FLAG_TC)! = SET){}
            i+ + ;
```

```c
        }
}


void CRC_Check(uint8_t * ptr,uint8_t len)
{
    unsigned char i;
    unsigned short crc = 0XFFFF;

    while(len--){
        crc ^= * ptr;
        for(i=0;i<8;i++)
        {
            if(crc&0X01){
                crc = crc>>1;
                crc = crc^0XA001;
            }
            else{
                crc = crc>>1;
            }
        }
        ptr++;
    }
    buf_return[0] = (uint8_t)(crc>>8);
    buf_return[1] = (uint8_t)crc;
}

void Set_THR(uint16_t * ptr)
{
    MinTHR = FlashData_FIFO[0];
    MaxTHR = FlashData_FIFO[1];
    Set_Signal_ratio = FlashData_FIFO[2];
}

void Get_Average_THR()
{
    TIM_Cmd(TIM4,DISABLE);
    Get_Background_signal(record);
    USART_SendData(USART1,big_Bak_signal);
while(USART_GetFlagStatus(USART1,USART_FLAG_TC)!= SET){};
USART_SendData(USART1,big_Bak_signal>>8);
while(USART_GetFlagStatus(USART1,USART_FLAG_TC)!= SET){}; TIM_Cmd(TIM4,ENABLE);
}
```

首先用下载器下载各模块代码，检查各模块功能是否正常，待各模块功能均正常后，下载整个代码，测试装置的功能完整性。若出现异常，找到代码冲突点，并予以解决。最后采集大量数据，根据数据规律性修改并完善代码。

四、测试数据结果

1. 电源模块测试

电源模块作为整个装置硬件系统最关键的部分之一，负责给装置各个硬件模块提供稳定的工作电压，该模块的输出稳定性影响着整个装置的工作稳定性。因此，需要对电源模块进行功能测试，确保输出电压能够满足其他模块的供电需求，本次测试采用锂电池作为电源模块的供电电源，主要从电源输出电压和电源纹波两方面去评估装置各个电源模块的输出性能。

本装置主要采用外部直流电源对硬件电路供电，并通过各种电压转换芯片进行电压转换以满足装置硬件电路的供电需求。测试过程中通过万用表和示波器对电源模块的输出进行检测，具体测试结果如表2-19所示。

表2-19 油品识别可调谐装置各电源模块测试结果

电源模块	输入电压/V	输出电压标准值/V	实际电压值/V	相对误差/%	电源纹波/mV
12V转5V模块	12	5	5.04	0.8	30
5V转3.3V模块	5	3.3	3.298	0.06	20
5V转−5V模块	5	−5	−4.98	0.4	25
5V转28V模块	5	28	28.34	1.2	40

由表2-19可知，装置的各个电源模块输出电压均在合理范围内波动，电源纹波也非常小，基本满足装置硬件电路的工作电压需求。

2. 光电转换与信号放大模块测试

光电转换与信号放大模块是油品识别可调谐装置的核心组成部分，负责将装置接收到的光信号转化成电信号，并通过跨阻放大电路对电信号实现放大，该模块的工作稳定性决定了装置荧光光谱数据采集的准确性与灵敏度。因此，本节需要对光电转换与信号放大模块的性能进行测试。

本次测试采用一颗红光LED作为光源，具体测试过程如下：首先将焊接好SiPM的电路板置于暗箱中，固定好并对准光源（光源前加滤光片）；然后将28V电源连接至电路板供电端，将模块电路输出端连接至示波器通道1，示波器通道阻抗调至50Ω，将波形发生器的输出端接至LED，同步端接至示波器通道2，示波器通道阻抗调至50Ω，关闭暗箱，打开28V电源，观察无光条件下的电路输出信号(图 2-51);最后设置信号发生器驱动信号并打开驱动器输出,观察有光条件下的电路输出信号(图 2-52),调整放大电路的反馈电阻 R2 和反馈电容 C12 的值,观察不同电阻与电容组合下的信号放大效果。实际测试结果如下所示。

1) 光强为 0 lux 条件下的输出信号

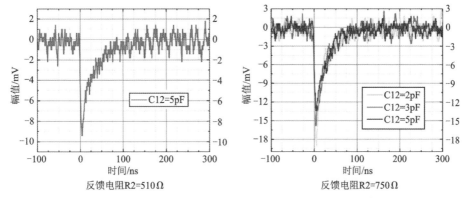

图 2-51 无光条件下不同反馈电容与反馈电阻组合的输出信号

2) 有光条件下的输出信号

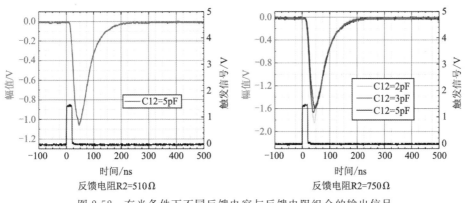

图 2-52 有光条件下不同反馈电容与反馈电阻组合的输出信号

由图可知,当反馈电阻 R2=750Ω 时,利用 3 种不同容值的反馈电容来测试电路的放大效果,结果表明,在同一反馈电阻下,反馈电容值越小,信号放大的幅值越大。当反馈电容 C12=5pF 时,利用两种不同阻值的反馈电阻来测试电路的放大效果。结果表明,在同一反馈电容下,反馈电阻值越大,信号放大的幅值越大。因此,光电转换与信号放大模块可以实现对暗信号和光信号的光电转换与信号放大,放大的幅值与反馈电阻与反馈电容的参数有关。

3. 油品荧光光谱采集

为了测试油品识别可调谐装置对油品荧光光谱数据的实际采集效果,本节利用油品识别可调谐装置分别采集了 4 种不同油品的荧光光谱数据,通过分析装置采集的油品荧光光谱特性来验证装置的工作稳定性。

为了保证测试结果的准确性,本次测试将通过半波片和偏振片组合来调节紫外激发光能量大小,确保不同波长的激发光能量相等。测试过程中分别采集 3 种不同激发波长下的油品荧光光谱数据,其中待测油品的直径为 3cm,油层厚度为 1mm,装置距离待测油品为 1m,具体测试结果如下所示。

1)280nm 激发波长下的油品荧光光谱

由图 2-53 可知,不同种类油品的荧光光谱特征存在着明显差异。当油品识别可调谐装置激发波长为 280nm 时,润滑油的荧光光谱范围为 320~580nm,具有 3 个荧光峰,分别位于 383nm、403nm 和 548nm,相对荧光强度分别为 1.161、1.107 和 0.225;柴油的荧光光谱范围为 350~550nm,具有 3 个荧光峰,分别位于 401nm、420nm 和 453nm,相对荧光强度分别为 0.722、0.695 和 0.602;机油的荧光光谱范围为 400~600nm,不存在明显的荧光峰;汽油的荧光光谱范围为 315~500nm,具有两个荧光峰,分别位于 340nm 和 408nm,相对荧光强度分别为 0.351 和 0.235。

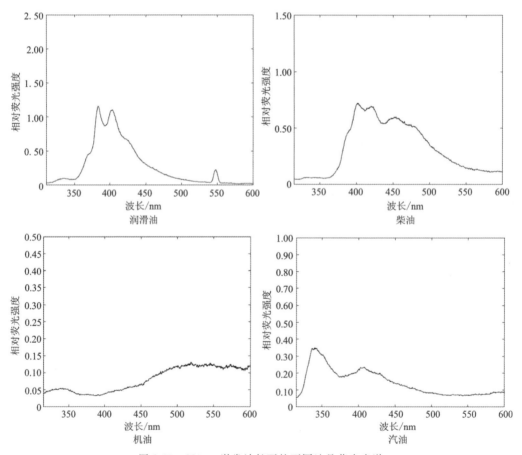

图 2-53 280nm 激发波长下的不同油品荧光光谱

2)285nm 激发波长下的油品荧光光谱

由图 2-54 可知,相较于油品识别可调谐装置激发波长为 280nm 时的油品荧光光谱,当油品识别可调谐装置激发波长调整为 285nm 时,润滑油荧光光谱位于 548nm 的荧光峰右移至 567nm,相对荧光强度为 0.129,其他两个荧光峰位置没有出现变化,但荧光峰的相对荧光强度分别提升至 1.466 和 1.419。柴油、机油和汽油的荧光光谱特征均未产生明显变化,但柴油和汽油荧光光谱的荧光峰相对荧光强度均出现了增强,其中柴油的 3 个荧光峰相对荧光强度分别提升至 0.83、0.813 和 0.689,汽油的两个荧光峰相对荧光强度分别提升至 0.452 和 0.299。

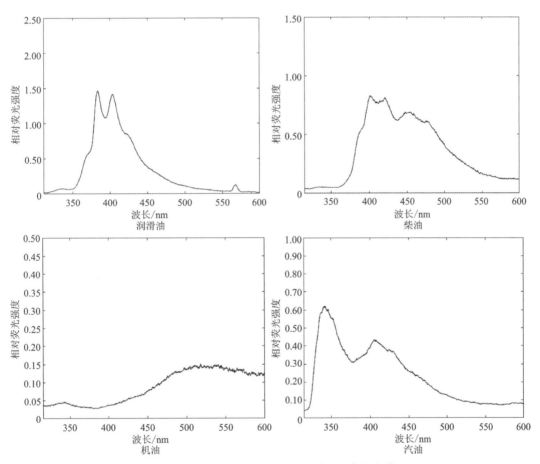

图 2-54　285nm 激发波长下的不同油品荧光光谱

3)290nm 激发波长下的油品荧光光谱

由图 2-55 可知,相较于油品识别可调谐装置激发波长为 285nm 时的油品荧光光谱,当油品识别可调谐装置激发波长调整为 290nm 时,润滑油的荧光光谱仅具有位于 383nm 和 402nm 的两个荧光峰,且峰值相对荧光强度分别进一步提升至 2.052 和 1.984。汽油的荧光光谱出现了一个位于 520nm 附近的荧光峰,相对荧光强度约 0.206。柴油和汽油的荧光光谱特征均未产生明显变化,但柴油和汽油荧光光谱的荧光峰相对荧光强度均得到了进一步增强,其中柴油的 3 个荧光峰相对荧光强度分别提升至 0.969、0.945 和 0.82,汽油的两个荧光峰相对荧光强度分别提升至 0.62 和 0.43。

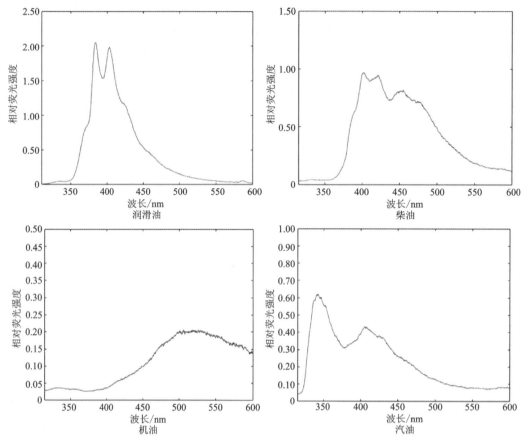

图 2-55　290nm 激发波长下的不同油品荧光光谱

为了便于观察不同油品荧光光谱的特征差异,需要将装置在不同激发波长下采集的油品荧光光谱数据进行汇总,具体结果如图 2-56 所示。

由图 2-56 可知,当油品识别可调谐装置的激发波长相同时,装置采集的不同种类油品荧光光谱具备完全不同的光谱特征,且同一种类的油品荧光光谱特征不会随着激发波长的变化而产生巨大变化,但光谱荧光峰的相对荧光强度会受到激发波长变化的影响。

综上所述,本节设计的油品识别可调谐装置能够采集到油品在不同激发波长下的荧光光谱数据,且采集的荧光光谱数据能够准确反映出不同油品的荧光光谱特征,能够用于完成油品识别工作。

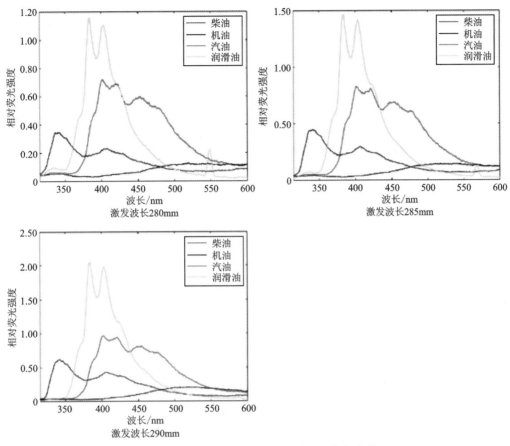

图 2-56 不同激发波长下的不同油品荧光光谱

第四节 OpenCV 颜色识别

一、实习内容及要求

实习内容：以 Android 为平台，设计并实现基于 OpenCV 的颜色识别。

实习要求：完成 Android Studio 中 OpenCV 环境的配置，对 OpenCV 库添加依赖。完成依赖配置后，编写 App，App 的要求如下。

(1) 功能要求：①能够实时预览手机摄像头捕捉到的图像并进行颜色识别；②能够拍照并保存图像处理后的图片，图片为 JPEG 格式，以当前系统时间（yyyy-mm-dd-mm-ss）格式命名。

(2) 布局要求：一个 View 用于放置 Bitmap 处理图的实时绘制，一个拍照按钮 Button。具体控件类型可以根据需要自行更改。

附加题二选一即可：①加入对画面曝光度和分辨率的调节；②加入对含荧光点图像的纹

理特征识别。

二、设计方案介绍

1. 实验设备

1) OpenCV 简介

OpenCV 是一个基于 BSD 许可(开源)发行的跨平台计算机视觉库,可以运行在 Linux、Windows、Android 和 Mac OS 操作系统上。它轻量级而且高效——由一系列 C 函数和少量 C++ 类构成,同时提供了 Python、Ruby、MATLAB 等语言的接口,实现了图像处理和计算机视觉方面的很多通用算法。

从 OpenCV 2.3 往后就引入了 Mat 类,它可以自动管理内存。Mat 是 OpenCV 中用来存储图像信息的内存对象,是 OpenCV 中最重要的操作容器,它本质上是由两个数据部分组成的类:包含信息有矩阵的大小、用于存储的方法、矩阵存储的地址等的矩阵头和一个指针,指向包含了像素值的矩阵(可根据选择用于存储的方法采用任何维度存储数据)。矩阵头部的大小是恒定的。然而,矩阵本身的大小因图像的不同而不同,通常是较大的数量级。

2) 使用 OpenCV 进行颜色识别的基本步骤

(1) 颜色空间转换:将 RGB 转换为 HSV 模型,于是可以通过不同颜色的 HSV 的阈值不同来识别出该种颜色。需要注意的是,在 OpenCV 中,H、S、V 值范围分别是[0,180]、[0,255]、[0,255),而非实际模型[0,360]、[0,1]、[0,1]。

(2) 直方图均衡化:由于光线的影响,手机读取的每一帧图片可能存在太亮或者太暗的问题,直方图均衡化可以将每个区间的像素点分布更均衡,使图像的层次感更强。直方图均衡化就是将原始的直方图拉伸,使之均匀分布在全部灰度范围内,从而增强图像的对比度。直方图均衡化的中心思想是把原始图像的灰度直方图从比较集中的某个区域变成在全部灰度范围内的均匀分布。

(3) 二值化:将图像上的像素点的灰度值设置为 0 或 255,这样将使整个图像呈现出明显的黑白效果。对灰度图像进行二值化处理,可以突出一定范围的信息。它是将像素点颜色值在所设定区间内(如 a-b)的设定为 255,在范围外的设为 0。但是对于 a+b 和的不同取值,二值化的效果会有很大的不同。

(4) 开操作:用来去除图像中的噪点,即干扰信息。开操作是基于图像的膨胀和腐蚀而言的,膨胀就是对图像高亮部分进行"领域扩张",效果图拥有比原图更大的高亮区域;腐蚀是原图中的高亮区域被蚕食,效果图拥有比原图更小的高亮区域。而开操作是对图像先腐蚀再膨胀,用来消除小物体。其数学原理是定义一个卷积核 B,将其与目标图像进行卷积,就可以达到相应效果。不同形状和大小的核会出现不同的效果。

(5) 闭操作:进行开操作之后可能会有一些断开的区域,闭操作可以将这些未联通的区域进行封闭,使图像更完整。闭操作是开操作的相反,先膨胀再腐蚀,用于排除小型黑洞,其原理与开操作相同,在此不再赘述。

3) Android Studio 工程目录介绍

请参考 https：//blog. csdn. net/muxingyan/article/details/94398617。

4) JNI 简介

JNI(Java Native Interface)是一套编程接口,用来实现 java 代码和其他语言(C、C++或汇编)进行交互。这里需要注意的是 JNI 是 JAVA 语言自己的特性,也就是说 JNI 和 Android 没有关系。在 Windows 下面用 JAVA 做开发也经常会用到 JNI,如读写系统注册表等。

NDK(Native Development Kit)是 Google 提供的一套工具集,可以让你用其他语言(C、C++或汇编)开发 Android 的 JNI。NDK 可以编译多平台的 so,开发人员只需要简单修改 mk 文件说明需要的平台,不需要改动任何代码,NDK 就可以帮你编译出所需的 so。

2. 实验步骤

(1)新建一个 Android 工程,建立一个 Empty 项目,包名命名为自己的姓名拼音首字母＋colordetect,如张三的包名为 com. zs. colordetect。

(2)在官网下载 OpenCV 3.3.0(Android 版本),下载完成后将 OpenCV 依赖到刚才所建立的 Android 工程之中。依赖过程参考：https：//blog. csdn. net/muxingyan/article/details/100581869。

(3)编写 Activity 与布局代码,并以 JNI 调用的方式,将先前在 PC 端实现的颜色识别 C++代码编译成. so 文件。

(4)使用数据线连接手机,打开开发者选项和 USB 调试模式。完成代码编写后,点击右上方 按钮 Make Project。待工程建立完毕并且无错误后,点击 ▶ Run 按钮,选择所连接的设备,将 App 的 Debug 版本安装到手机上。

(5)在编写代码的过程中,根据所出现的报错问题(编译器、代码),能够正确使用搜索引擎搜索解决方案,并根据 Log 打印日志精确定位问题位置与类型。

三、调试过程与记录

1. 读取相机的数据

Java 层：

```
//初始化荧光颜色识别,加载 C++ 本地库
private void initColorDetect() throws IOException {
    System.loadLibrary("color_detection");
    Log.i(TAG, "- - - - - C++ nativelib has loading finished- - - - - - - ");
}
```

```
private void process(Mat rgbMat) {
    synchronized (mSync) {
        colorDetection(rgbMat.getNativeObjAddr());//图像数据Mat传递到Native C++层
        Log.i(TAG, "- - - - - - - MatData transmit into native- - - - - - - - - - ");
    }
}
//在摄像头实时预览阶段使用colorDetection方法完成对每一帧图像的检测与处理
public native void colorDetection(long frameAddress);
```

C++层：

```
JNIEXPORT void JNICALL Java_com_xzh_oilCamera_MainActivity_ColorDetection(JNIEnv* ,
jobject, jlong addrRgba)
    {
    /* addrRgba:Java层传递过来的源数据
     * imgOriginal:C++层接收到的最初数据
     */
    Mat& imgOriginal = *(Mat*)addrRgba;
//此处放置算法C++代码
    }
```

2. 添加相机拍照功能

子线程中图像保存到本地的核心代码如下所示，最终保存下来的是JPEG格式的图片。

```
public void handleSaveResult(Bitmap bm) {
        stop_flag = 1;
//此处代码片段省略
        try {
                bm.compress(Bitmap.CompressFormat.JPEG, 100, bos);
                bos.flush();//刷新缓冲区
                Log.v("xzh", "flush");
                this.mHandler.sendMessage(mHandler.obtainMessage(MSG_MEDIA_UPDATE, myCaptureFiles.getPath()));
                Log.v("xzh", "* * * - - - - - The result Picture has been saved! - - - - * * * ");
            } catch (IOException var11) {
                ;
            } finally {
                bos.close();
                stop_flag = 0;
            }
        } catch (Exception var13) {
            this.callOnError(var13);
        }
```

3. 曝光度设置

为便于工作人员在使用时依据实际光照环境对摄像头进光量进行更改，设置一个

SeekBar 拖动条放置在 App 的左侧位置,将曝光度设置以 0~9 的分级进行拖动。当拖动条拖至最下方时,分级为 0 画面最暗,此时摄像头光圈最小;当拖动条拖动至最上方时,分级为 9,画面最亮,此时摄像头光圈最大。启动 App 后拖动条默认在正中间。该部分核心代码如下所示。

```
mSeekBrightness.setMax(100);
mSeekBrightness.setOnSeekBarChangeListener(new SeekBar.OnSeekBarChangeListener() {
    @Override
    public void onProgressChanged(SeekBar seekBar, int progress, boolean fromUser) {
        if(mCameraHelper ! = null && mCameraHelper.isCameraOpened()) {
            mCameraHelper.setModelValue(UVCCameraHelper.MODE_BRIGHTNESS,progress);
        }
    }
    @Override
    public void onStartTrackingTouch(SeekBar seekBar) {
    }
    @Override
    public void onStopTrackingTouch(SeekBar seekBar) {
    }
});
```

四、测试数据结果

本轮实验分别在室内开启日光灯与关闭日光灯的情况下,对水面上同一组直径约 0.01m 的蓝色荧光群进行拍摄预览,测试荧光的捕捉识别效果。随后,降低摄像头的曝光度至 2,以改善强环境光下对于水面荧光的识别效果。每种实验条件下共拍摄 3 张照片进行对比。测试结果如表 2-20 所示。

表 2-20 不同环境光下识别测试结果

照片编号	开启日光灯,不降低曝光度	开启日光灯,降低曝光度	关闭日光灯
1			
2			

续表 2-20

照片编号	开启日光灯,不降低曝光度	开启日光灯,降低曝光度	关闭日光灯
3			

实验结果表明,强光环境下对于蓝色的识别效果较差,而相对较暗的环境下对于蓝色的识别效果总体良好,同时,强光环境下在降低摄像头曝光度后,识别效果有所改善。

主要参考文献

楚高利,俞显芳,2015.颜色视觉理论在 CIE 色度系统中的应用[J].河南科技(15):102-103.

党晨,李武军,王垚廷,2016.紫外荧光探测水面溢油实验研究[J].科技创新与应用(26):80-82.

韩仲志,万剑华,刘杰,等,2015.利用油品紫外荧光特性的多光谱成像检测[J].发光学报,36(11):1335-1341.

梁炜,申彦春,张银蒲,等,2011.一种基于机器视觉的颜色识别算法的研究[J].电视技术,35(23):129-131.

肖治民,林坤辉,周昌乐,等,2008.基于 HSV 颜色空间的视频镜头检测[J].厦门大学学报(自然科学版)(5):665-668.

许艳鑫,杨阳,赵明慧,等,2018.水中油浓度在线监测系统的研究和应用[J].石油化工腐蚀与防护,35(1):20-22.

杨丽丽,王玉田,鲁信琼,2013.三维荧光光谱结合二阶校正法用于石油类污染物的识别和检测[J].中国激光,40(6):303-308.

朱海侠,2007.计算机输入输出设备色彩管理系统的研究[D].西安:西安理工大学.

ALESSANDRO M,AIME,DIEGO C,et al.,2012. Optical performance evaluation of oilSpill detection methods:Thickness and extent[J]. Ieeetransactions Oninstrumentation and Measurement,61 (12):3332-3339.

COBLE P G,1996. Characterization of marine and terrestrial DOM in seawater using excitation-emission matrix spectroscopy[J]. Marine Chemistry,51(4):325-346.

LAMBERT P,2003. A literature review of portable fluoresence-basedoil-in-water monitors[J]. Journal of Hazardous Materials,102:39-55.

MUROSKI A R,BOOKSH K S,MYRICK M L,1996.Single-measurement excitation/emission matrix spectrofluorometer for determination of hydrocarbons in ocean water[J]. Analytical Chemistry,68(20):3539-3544.